工伤预防知识普及丛书

工伤预防之基础知识

JICHU ZHISHI

工伤预防知识普及丛书编写组

陈文涛 高东旭 闫 宁 佟瑞鹏
葛楠楠 王仟祥 王春玲 高 扬
杨会芹 李秀兰 阎有若 时 文
李中武 刘 雷 朱子博 皮中琴

本书主编 佟瑞鹏 闫 宁

中国劳动社会保障出版社

图书在版编目(CIP)数据

工伤预防之基础知识/《工伤预防知识普及丛书》编写组编.—北京：中国劳动社会保障出版社，2014
（工伤预防知识普及丛书）
ISBN 978-7-5167-1192-7

Ⅰ.①工… Ⅱ.①工… Ⅲ.①工伤事故-事故预防-基本知识 Ⅳ.①X928

中国版本图书馆 CIP 数据核字（2014）第 102745 号

中国劳动社会保障出版社出版发行
（北京市惠新东街 1 号 邮政编码：100029）
*
三河市潮河印业有限公司印刷装订 新华书店经销
850 毫米×1168 毫米 32 开本 4.375 印张 92 千字
2014 年 6 月第 1 版 2020 年 7 月第 19 次印刷
定价：20.00 元

读者服务部电话：（010）64929211/84209101/64921644
营销中心电话：（010）64962347
出版社网址：http://www.class.com.cn

前言

我国党和政府历来高度重视工伤预防工作。《社会保险法》《工伤保险条例》等国家法律法规明确了工伤预防是工伤保险的重要组成部分。各级政府全力推进各类用人单位参保，扩大工伤保险的覆盖面。同时，依法落实各种法定工伤保险待遇，切实保障工伤职工合法权益，积极探索适合中国国情的工伤预防和工伤康复机制。目前，已经逐步完善并初步建立了工伤预防、工伤补偿和工伤康复三位一体的工伤保险制度。其中，工伤预防功能充分体现了“以人为本”的管理理念，对在源头上促进安全生产工作和减少工伤保险基金的支出具有决定性的作用。

《工伤保险条例》明确规定：“用人单位和职工应当遵守有关安全生产和职业病防治的法律法规，执行安全卫生规程和标准，预防工伤事故发生，避免和减少职业病危害。”建立工伤预防为主的工伤保险制度，完善工伤保险体系，有一个很重要的工作需要重视，那就是全面贯彻落实“安全第一，预防为主”的管理方针，建立工伤预防、教育、培训的常态化工作机制，通过经常性地在全社会开展工伤保险与工伤预防的宣传，普及工伤保险知识，加强对参保单位各类从业人员的教育培训，提高法律责任意识和劳动保护知识水平。

人力资源和社会保障部2009年印发了《关于开展工伤预防试点工作有关问题的通知》（人社厅发〔2009〕108号），在广东、海南和河南3省的12个地市开展了工伤预防试点工作，并取得了初步成效。一些试点城市工伤事故发生率呈现下降趋势，职工的安全意识和维权意识、企业守法意识有所增强。为进一步推进工伤预防工作的开展，2013年4月，人力资源和社会保障部印发《关于进一步做好工伤预防试点工作的通知》（人社部发〔2013〕32号），决定在2009年初步试点的基础上，再选择一部分具备条件的城市扩大试点，并进一步规范了工作原则和程序。2013年10月，人社部办公厅印发《关于确认工伤预防试点城市的通知》（人社厅发〔2013〕111号），确认了天津市等50个工伤预防试点城市（统筹地区），探索建立科学、规范的工伤预防工作模式，为在全国范围内开展工伤预防工作积累经验，完善我国工伤预防制度体系。

长期以来，中国人力资源和社会保障出版集团所属中国劳动社会保障出版社始终高度关注并坚持开展工伤保险、安全生产方面的法律法规宣传贯彻与专业图书出版工作。为了更好地服务政府和相关管理部门的中心工作，及时总结各级政府工伤预防管理工作的先进经验，有效传播工伤预防培训与宣传工作的先进、实用方法，促进我国工伤保险与工伤预防事业的持续稳定发展，在人力资源和社会保障部工伤保险司的大力支持下，组织编写了适合工作实际需要的、适合全国普遍需求的工伤预防宣传、教育、培训系列挂图和图书。第一批出版的“工伤预防系列宣教挂图”包括：《工伤保险主题招贴》《工伤预防主题招贴》《工伤预防知识》《高危岗位工伤预防知识》；“工伤预防知识普及丛书”包括：《工伤预防之基础知识》《工伤预防之职业病防治知识》《工伤预防之个人防护知识》《工伤预防之事故应急与救护知识》。本套丛书图文并茂，生动活泼，以简洁、通俗易懂的文字，讲解工伤预防相关的重要知识，配以卡通画，增加可读性的同时，更能提高读者的阅读兴趣并强化学习效果。

本套丛书在编写过程中，参阅并部分应用了相关的资料与著作，在此对有关著作者和专家表示感谢。由于种种原因可能会导致图书存在不当或错误之处，敬请广大读者不吝赐教，以便及时纠正。

丛书编写工作组
2014年3月

内容简介

工伤预防是建立健全工伤预防、工伤补偿和工伤康复三位一体工伤保险制度的重要内容。从业人员在依法享受工伤保险权利的同时，也有义务配合做好工伤预防工作，严格遵守安全操作规程，遵章守纪，预防职业伤害的发生，保护好自身的生命安全和身体健康。

本书以问答的形式列举了从业人员在劳动生产过程中应该了解的工伤预防基础知识和基本技能，主要包括权利义务、安全作业、职业健康及自救互救等内容。所选题目典型性、通用性强，文字编写浅显易懂，版式设计新颖活泼，漫画配图直观生动，可作为政府、行业管理部门、企业开展工伤预防宣传教育工作，和广大基层从业人员增强工伤预防意识、提高安全生产素质的普及性学习读物。

第一章 权利义务

第二章　安全作业

第一章　权利义务

1. 为什么要安全生产?

安全生产是党和国家在生产建设中一贯的指导思想和重要方针，是全面落实科学发展观，构建社会主义和谐社会的必然要求。

安全生产的根本目的是保障劳动者在生产过程中的安全和健康。安全生产是安全与生产的统一，安全促进生产，生产必须安全。没有安全就无法正常进行生产。搞好安全生产工作，改善劳动条件，减少职工伤亡与财产损失，不仅可以增加企业效益，促进企业的健康发展，而且还可以促进社会的和谐，保障经济建设的安全进行。

《安全生产法》是我国安全生产的专门法律、基本法律，是我国职业安全卫生法律体系的核心，自2002年11月1日起实施。《安全生产法》明确规定安全生产应当以人为本，坚持“安全第一，预防为主，综合治理”的方针。建立政府领导、部门监管、单位负责、群众参与、社会监督的工作机制。这是党和国家对安全生产工作的总体要求，企业和从业人员在劳动生产过程中必须严格遵循这一基本方针。

“安全第一”说明和强调了安全的重要性。人的生命是至高无上的，每个人的生命只有一次，要珍惜生命、爱护生命、保护生命。事故意味着对生命的摧残与毁灭，因此，在生产活动中，应把保护生命安全放在第一位，坚持最优先考虑人的生命安全。“预防为主”是指安全工作的重点应放在预防事故的发生上。按照系统工程理论，按照事故发展的规律和特点，预防事故的发生。安全工作应当做在生产活动之前，事先就充分考虑事故发生的可能性，并自始至终采取有效措施以防止和减少事故。“综合治理”是指要自觉遵循安全生产规律，抓住安全生产工作中的主要矛盾和关键环节。要标本兼治，重在治本，采取各种管理手段预防事故发生。实现治标的同时，研究治本的方法。综合运用科技、经济、法律、行政等手段，并充分发挥社会、职工、舆论的监督作用，从各个方面着手解决影响安全生产的深层次问题，做到思想上、制度上、技术上、监督检查上、事故处理上和应急救援上的综合管理。

《宪法》第四十二条规定：“中华人民共和国公民有劳动的权利和义务。

国家通过各种途径，创造劳动就业条件，加强劳动保护，改善劳动条件，并在发展生产的基础上，提高劳动报酬和福利待遇。”

2. 什么是工伤保险?

工伤保险是社会保险的一个重要组成部分，它通过社会统筹建立工伤保险基金，对保险范围内的劳动者因在生产经营活动中所发生的或在规定的某些情况下遭受意外伤害、职业病以及因这两种情况造成劳动者死亡或暂时或永久丧失劳动能力时，劳动者或其近亲属能够从国家、社会得到必要的物质补偿，以保证劳动者或其近亲属的基本生活，以及为受工伤的劳动者提供必要的医疗救治和康复服务。工伤保险保障了受伤害职工的合法权益，有利于妥善处理事故和恢复生产，维护正常的生产、生活秩序，维护社会安定。

工伤保险有四个基本特点：一是强制性，它是指国家立法强制一定范围内的用人单位、职工必须参加。二是非营利性，工伤保险是国家对劳动者履行的社会责任，也是劳动者应该享受的基本权利。国家施行工伤保险，目的是为劳动者谋福利，提供所有与工伤保险有关的服务，均不以盈利为目的。三是保障性，保障劳动者在发生工伤事故后，对劳动者或其近亲属发放工伤待遇，保障其生活。四是互助互济性，是指通过强制征收保险费，建立工伤保险基金，由社会保险机构在人员之间、地区之间、行业之间对费用实行再分配，调剂使用基金。

[法律提示]

《工伤保险条例》于2003年4月27日国务院令375号公布，2004年1月1日生效实施。2010年12月8日，国务院第136次常务会议通过《关于修改〈工伤保险条例〉的决定》，由国务院令586号公布，自2011年1月1日起施行。

现行《工伤保险条例》分八章六十七条，各章内容为：第一章总则，第二章工伤保险基金，第三章工伤认定，第四章劳动能力鉴定，第五章工伤保险待遇，第六章监督管理，第七章法律责任，第八章附则。

3. 为什么要做好工伤预防？从业人员“工伤有保险，出事老板赔，只管干活挣钱”的想法对吗？

工伤预防是建立健全工伤预防、工伤补偿和工伤康复三位一体工伤保险制度的重要内容，是指事先防范职业伤亡事故以及职业病的发生，减少事故及职业病的隐患，改善和创造有利于健康的、安全的生产环境和工作条件，保护从业人员生产、工作环境中的安全和健康。工伤预防的措施主要包括工程技术措施、教育措施和管理措施。

从业人员在劳动保护和工伤保险方面的权利与义务是基本一致的。在劳动关系中，获得劳动保护是从业人员的基本权利，工伤保险又是其劳动保护权利的延续。从业人员有权获得保障其安全健康的劳动条件，同时也有义务严格遵守安全操作规程，遵章守纪，预防职业伤害的发生。

当前国际上，现代工伤保险制度已经把事故预防放在优先位置。我国修改后新的《工伤保险条例》也把工伤预防定为工伤保险三大任务之一，从而逐步改变了过去重补偿、轻预防的模式。因此，那种“工伤有保险，出事老板赔，只管干活挣钱”的说法，显然是错误的。工伤赔偿是发生职业伤害后的救助措施，不能挽回失去的生命和复原残疾的身体。从业人员只有加强安全生产，才能保障自身的安全；只有做好工伤预防，才能保障自身的健康。生命安全和身

体健康才是从业人员的最大利益。企业和从业人员要永远共同坚持“安全第一，预防为主，综合治理”的方针。

4. 从业人员工伤保险和工伤预防的权利主要体现在哪些方面?

从业人员的工伤保险和工伤预防的权利主要体现在：

（1）有权获得劳动安全卫生的教育和培训，了解所从事的工作可能对身体健康造成的危害和可能发生的不安全事故。

（2）有权获得保障自身安全、健康的劳动条件和劳动防护用品。

（3）有权对用人单位管理人员违章指挥、强令冒险作业予以拒绝。

（4）有权对危害生命安全和身体健康的行为提出批评、检举和控告。

（5）从事职业危害作业的从业人员有权获得定期健康检查。

（6）发生工伤时，有权得到抢救治疗。

（7）发生工伤后，从业人员或其近亲属有权向当地社会保险行政部门报告申请认定工伤和享受工伤待遇，报告申请要经企业签字，如企业不签字，可以直接报送。

（8）工伤从业人员有权按时足额享受有关工伤保险待遇。

（9）工伤致残，有权要求进行劳动能力鉴定和护理依赖鉴定及

定期复查；对鉴定结论不服的，有权要求进行复查鉴定和再次鉴定。

（10）因工致残尚有工作能力的从业人员，在就业方面应得到特殊保护，在合同期内用人单位对因工致残的从业人员不得解除劳动合同，并应根据不同情况安排适当工作；在建立和发展工伤康复事业的情况下，应当得到职业康复培训和再就业帮助。

（11）工伤从业人员及其近亲属申请认定工伤和处理工伤保险待遇时与用人单位发生争议的，有权向当地劳动争议仲裁委员会申请仲裁，直至向人民法院起诉；对社会保险行政部门作出的工伤认定和待遇支付决定不服的，有权申请行政复议或行政诉讼。

5. 什么是安全生产的知情权和建议权？

在生产劳动过程中，往往存在着一些对从业人员人身安全和健康有危险、危害的因素。从业人员有权了解其作业场所和工作岗位与安全生产有关的情况：一是存在的危险因素；二是防范措施；三是事故应急措施。从业人员对于安全生产的知情权，是保护劳动者生命健康权的重要前提。如果从业人员知道并且掌握有关安全生产的知识和处理办法，就可以消除许多不安全因素和事故隐患，避免或者减少事故的发生。

同时，从业人员对本单位的安全生产工作有建议权。安全生产工

作涉及从业人员的生命安全和身体健康。因此，从业人员有权参与用人单位的民主管理。从业人员通过参与生产经营的民主管理，可以充分调动其关心安全生产的积极性与主动性，为本单位的安全生产工作献计献策，提出意见与建议。

6. 什么是安全生产的批评、检举、控告权?

这里讲的批评权，是指从业人员对本单位安全生产工作中存在的问题提出批评的权利。这一权利规定有利于从业人员对生产经营单位进行群众监督，促使生产经营单位不断改进本单位的安全生产工作。

这里讲的检举权、控告权，是指从业人员对本单位及有关人员违反安全生产法律、法规的行为，有向主管部门和司法机关进行检举和控告的权利。检举可以署名，也可以不署名；可以用书面形式，也可以用口头形式。但是，从业人员在行使这一权利时，应注意检举和控告的情况必须真实，要实事求是。

此外，法律明令禁止对检举和控告者进行打击报复。

7. 当你遇到违章指挥和强令冒险作业时怎么办?

从业人员享有的拒绝违章指挥和强令冒险作业权，是保护从业人员生命安全和身体健康的一项重要权利。

在生产劳动过程中，有时会出现企业负责人或者管理人员违章指挥和强令从业人员冒险作业的情况，由此导致事故，造成人员伤亡。因此，法律赋予从业人员拒绝违章指挥和强令冒险作业的权利，不仅是为了保护从业人员的人身安全，也是为了警示企业负责人和管理人员必须照章指挥，保证安全。企业不得因从业人员拒绝违章指挥和强令冒险作业而对其进行打击报复。

［血的教训］

一天，某煤矿开拓区上中班的工人发现工作面顶板破碎且压力增大，工人们立即停止作业，并要求采取有效的架棚措施。但是班长为了赶进度，对此险情却不以为然。工人们虽明知有危险，却屈从于违章指挥，冒险作业。结果，顶板塌落，一块巨石将年仅25岁的工人张某砸倒，经抢救无效死亡。

8. 发现危及人身安全的紧急情况能停止作业和紧急撤离吗?

由于在生产过程中自然和人为的危险因素不可避免，经常会在作业时发生危及从业人员人身安全的危险情况。当遇到危险紧急情况并且无法避免时，最大限度地保护现场作业人员的生命安全是第一位的，因此法律赋予其享有停止作业和紧急撤离的权利。

[相关链接]

从业人员行使停止作业和紧急撤离权利的前提条件，是发现直接危及人身安全的紧急情况，如不撤离会对其生命安全和身体健康造成直接的威胁。

例如，当建筑施工工地发生物体坍塌、火灾、爆炸等直接危及人身安全的紧急情况时，有关人员应立即停止作业，并视发生情况的严重程度作出恰当处理，在采取可能的应急措施后（如按要求关闭正在操作的电气设备），按逃生路线迅速撤离作业场所。

又如，在矿山井下开采中，出现矿压活动频繁剧烈、巷道或工作面底板突然鼓起、支架破坏等情况，以及煤（岩）层变软、湿润等瓦斯突出的预兆时，井下作业人员有权停止作业，及时撤离。

9. 女职工依法享有哪些特殊劳动保护权利？

女职工的身体结构和生理特点决定其应受到特殊劳动保护。女职工的体力一般比男职工差，特别是女职工在“五期”（经期、孕期、产期、哺乳期、绝经期）有特殊的生理变化现象，所以女职工对工业生产过程中的有毒有害因素一般比男职工敏感性强。另外，高噪声环境、剧烈振动、放射性物质等都会对女性生殖机能和身体产生有害影响。因此，要做好和加强女职工的特殊劳动保护工作，避免和减少生产劳动过程给女职

工带来的危害。

《女职工劳动保护特别规定》于2012年4月18日国务院第200次常务会议通过，国务院令第619号公布施行。对女职工的特殊劳动保护作出以下要求：

（1）用人单位应当加强女职工劳动保护，采取措施改善女职工劳动安全卫生条件，对女职工进行劳动安全卫生知识培训。

（2）用人单位应当遵守女职工禁忌从事的劳动范围的规定。用人单位应当将本单位属于女职工禁忌从事的劳动范围的岗位书面告知女职工。

（3）用人单位不得因女职工怀孕、生育、哺乳降低其工资、予以辞退、与其解除劳动或者聘用合同。

（4）女职工在孕期不能适应原劳动的，用人单位应当根据医疗机构的证明，予以减轻劳动量或者安排其他能够适应的劳动。

对怀孕7个月以上的女职工，用人单位不得延长劳动时间或者安排夜班劳动，并应当在劳动时间内安排一定的休息时间。

怀孕女职工在劳动时间内进行产前检查，所需时间计入劳动时间。

（5）女职工生育享受98天产假，其中产前可以休假15天；难产的，增加产假15天；生育多胞胎的，每多生育1个婴儿，增加产假15天。

女职工怀孕未满4个月流产的，享受15天产假；怀孕满4个月流产的，享受42天产假。

（6）女职工产假期间的生育津贴，对已经参加生育保险的，按照用人单位上年度职工月平均工资的标准由生育保险基金支付；对未参加生育保险的，按照女职工产假前工资的标准由用人单位支付。

女职工生育或者流产的医疗费用，按照生育保险规定的项目和标准，对已经参加生育保险的，由生育保险基金支付；对未参加生育保险的，由用人单位支付。

（7）对哺乳未满1周岁婴儿的女职工，用人单位不得延长劳动时间或者安排夜班劳动。

用人单位应当在每天的劳动时间内为哺乳期女职工安排1小时哺乳时间；女职工生育多胞胎的，每多哺乳1个婴儿每天增加1小时哺乳时间。

（8）女职工比较多的用人单位应当根据女职工的需要，建立女职工卫生室、孕妇休息室、哺乳室等设施，妥善解决女职工在生理卫生、哺乳方面的困难。

（9）在劳动场所，用人单位应当预防和制止对女职工的性骚扰。

（10）用人单位违反有关规定，侵害女职工合法权益的，女职工可以依法投诉、举报、申诉，依法向劳动人事争议调解仲裁机构申请调解仲裁，对仲裁裁决不服的，可以依法向人民法院提起诉讼。

［法律提示］

女职工禁忌从事的劳动范围

一、女职工禁忌从事的劳动范围：

（一）矿山井下作业；

（二）体力劳动强度分级标准中规定的第四级体力劳动强度的作业；

（三）每小时负重6次以上、每次负重超过20千克的作业，或者间断负重、每次负重超过25千克的作业。

二、女职工在经期禁忌从事的劳动范围：

（一）冷水作业分级标准中规定的第二级、第三级、第四级冷水作业；

（二）低温作业分级标准中规定的第二级、第三级、第四级低温作业；

（三）体力劳动强度分级标准中规定的第三级、第四级体力劳动强度的作业；

（四）高处作业分级标准中规定的第三级、第四级高处作业。

三、女职工在孕期禁忌从事的劳动范围：

（一）作业场所空气中铅及其化合物、汞及其化合物、苯、镉、铍、砷、氰化物、氮氧化物、一氧化碳、二硫化碳、氯、己内酰胺、氯丁二烯、氯乙烯、环氧乙烷、苯胺、甲醛等有毒物质浓度超过国家职业卫生标准的作业；

（二）从事抗癌药物、己烯雌酚生产，接触麻醉剂气体等的作业；

（三）非密封源放射性物质的操作，核事故与放射事故的应急处置；

（四）高处作业分级标准中规定的高处作业；

（五）冷水作业分级标准中规定的冷水作业；

（六）低温作业分级标准中规定的低温作业；

（七）高温作业分级标准中规定的第三级、第四级的作业；

（八）噪声作业分级标准中规定的第三级、第四级的作业；

（九）体力劳动强度分级标准中规定的第三级、第四级体力劳动强度的作业；

（十）在密闭空间、高压室作业或者潜水作业，伴有强烈振动的作业，或者需要频繁弯腰、攀高、下蹲的作业。

四、女职工在哺乳期禁忌从事的劳动范围：

（一）孕期禁忌从事的劳动范围的第一项、第三项、第九项；

（二）作业场所空气中锰、氟、溴、甲醇、有机磷化合物、有机氯化合物等有毒物质浓度超过国家职业卫生标准的作业。

10. 为什么未成年工享有特殊劳动保护权利？

未成年工依法享有特殊劳动保护的权利。这是针对未成年工处于生长发育期的特点以及接受义务教育的需要所采取的特殊劳动保护措施。

未成年工处于生长发育期，身体机能尚未健全，也缺乏生产知识和生产技能，过重及过度紧张的劳动，不良的工作环境，不适的劳动工种或劳动岗位，都会对他们产生不利影响，如果劳动过程中不进行特殊保护就会损害他们的身体健康。

如未成年少女长期从事负重作业和立位作业，可影响骨盆正常发育，导致生育难产发病率增高；未成年工对生产性毒物敏感性较高，长期从事有毒有害作业易引起职业中毒，影响其生长发育。

［法律提示］

《劳动法》第五十八条第2款　未成年工是指年满十六周岁未满十八周岁的劳动者。

第六十四条　不得安排未成年工从事矿山井下、有毒有害、国家规定的第四级体力劳动强度的劳动和其他禁忌从事的劳动。

第六十五条　用人单位应当对未成年工定期进行健康检查。

关于未成年工其他特殊劳动保护政策和未成年工禁忌作业范围的规定，可查阅《未成年人保护法》《未成年工特殊保护规定》等。

11. 签订劳动合同时应注意哪些事项?

从业人员在上岗前应和用人单位依法签订劳动合同，建立明确的劳动关系，确定双方的权利和义务。关于劳动保护和安全生产，在签订劳动合同时应注意两方面的问题：第一，在合同中要载明保障从业人员劳动安全、防止职业危害的事项；第二，在合同中要载明依法为从业人员办理工伤保险的事项。

遇有以下合同不要签：

（1）“生死合同”：在危险性较高的行业，用人单位往往在合同中写上一些逃避责任的条款，典型的如“发生伤亡事故，单位概不负责”。

（2）“暗箱合同”：这类合同隐瞒工作过程中的职业危害，或者采取欺骗手段剥夺从业人员的合法权利。

（3）“霸王合同”：有的用人单位与从业人员签订劳动合同时，只强调自身的利益，无视从业人员依法享有的权益，不容许从业人员提出意见，甚至规定“本合同条款由用人单位解释”等。

（4）“卖身合同”：这类合同要求从业人员无条件听从用人单位安排，用人单位可以任意安排加班加点，强迫劳动，使从业人员完全失去人身自由。

（5）“双面合同”：一些用人单位在与从业人员签订合同时准备了两份合同，一份合同用来应付有关部门的检查，一份用来约束从业人员。

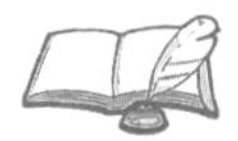

［法律提示］

《安全生产法》规定：生产经营单位与从业人员订立的劳动合同，应当载明有关保障从业人员劳动安全、防止职业危害的事项，以及依法为从业人员办理工伤保险的事项。

生产经营单位不得以任何形式与从业人员订立协议，免除或者减轻其对从业人员因生产安全事故伤亡依法应承担的责任。

12. 从业人员工伤保险和工伤预防的义务主要有哪些?

权利与义务是对等的，有相应的权利，就有相应的义务。

从业人员在工伤保险和工伤预防方面的义务主要有：

（1）从业人员有义务遵守劳动纪律和用人单位的规章制度，做好本职工作和被临时指定的工作，服从本单位负责人的工作安排和指挥。

（2）从业人员在劳动过程中必须严格遵守安全操作规程，正确使用劳动防护用品，接受劳动安全卫生教育和培训，配合用人单位积极预防事故和职业病。

（3）从业人员或其近亲属报告工伤和申请工伤待遇时，有义务如实反映发生事故和职业病的有关情况及工资收入、家庭有关情况；当有关部门调查取证时，应当给予配合。

（4）除紧急情况外，发生工伤的从业人员应当到工伤保险签订服务协议的医疗机构进行治疗，对于治疗、康复、评残要接受有关机构的安排，并给予配合。

（5）工伤从业人员经过劳动能力鉴定确认完全恢复或者部分恢复劳动能力可以工作的，应当服从用人单位的工作安排。

13. 生产作业中，从业人员为何必须遵章守制与服从管理?

生产经营单位的安全生产规章制度、安全操作规程，是企业管理规章制度的重要组成部分。

根据《安全生产法》及其他有关法律、法规和规章的规定，生产经营单位必须制定本单位安全生产的规章制度和操作规程。从业人

员必须严格依照这些规章制度和操作规程进行生产经营作业。单位的负责人和管理人员有权依照规章制度和操作规程进行安全管理，监督检查从业人员遵章守制的情况。依照法律规定，生产经营单位的从业人员不服从管理，违反安全生产规章制度和操作规程的，由生产经营单位给予批评教育，依照有关规章制度给予处分；造成重大事故，构成犯罪的，依照《刑法》有关规定追究刑事责任。

14. 为什么从业人员必须按规定佩戴和使用劳动防护用品？

从业人员在劳动生产过程中应履行按规定佩戴和使用劳动防护用品的义务。

按照法律、法规的规定，为保障人身安全，用人单位必须为从业人员提供必要的、安全的劳动防护用品，以避免或者减轻作业中的人身伤害。但在实践中，由于一些从业人员缺乏安全知识，心存侥幸或嫌麻烦，往往不按规定佩戴和使用劳动防护用品，由此引发的人身伤害事故时有发生。另外，有的从业人员由于不会或者没有正确使用劳动防护用品，同样也难以避免受到人身伤害。因此，正确佩戴和使用劳动防护用品是从业人员必须履行的法定义务，这是保障从业人员人身安全和生产经营单位安全生产的需要。

［血的教训］

某日下午，某水泥厂包装工在进行倒料作业中，包装工王某因脚穿拖鞋，行动不便，重心不稳，左脚踩进螺旋输送机上部10厘米宽的缝隙内，正在运行的机器将其脚和腿绞了进去。王某大声呼救，其他人员见状立即停车并反转盘车，才将王某的脚和腿退出。尽管王某被迅速送到医院救治，仍造成左腿高位截肢。

造成这起事故的直接原因是王某未按规定穿工作鞋，而是穿着拖鞋，在凹凸不平的机器上行走，失足踩进机器缝隙。这起事故告诉我们，上班时间职工必须按规定佩戴劳动防护用品，绝不允许穿着拖鞋上岗操作。一旦发现这种违章行为，班组长以及其他职工应该及时纠正。

15. 为什么从业人员应当接受安全教育和培训?

不同企业、不同工作岗位和不同的生产设施设备具有不同的安全技术特性和要求。随着高新技术装备的大量使用，企业对从业人员的安全素质要求越来越高。从业人员的安全生产意识和安全技能的高低，直接关系到企业生产活动的安全可靠性。从业人员需要具有系统的安全知识，熟练的安全生产技能，以及对不安全因素和事故隐患、突发事故的预防、处理能力

和经验。要适应企业生产活动的需要，从业人员必须接受专门的安全生产教育和业务培训，不断提高自身的安全生产技术知识和能力。

16. 发现事故隐患应该怎么办？

从业人员往往属于事故隐患和不安全因素的第一当事人。许多生产安全事故正是由于从业人员在作业现场发现事故隐患和不安全因素后，没有及时报告，以致延误了采取措施进行紧急处理的时机，最终酿成惨剧。相反，如果从业人员尽职尽责，及时发现并报告事故隐患和不安全因素，使之得到及时、有效的处理，就完全可以避免事故发生和降低事故损失。所以，发现事故隐患并及时报告是贯彻“安全第一，预防为主，综合治理”的方针，加强事前防范的重要措施。

17. 做好工伤预防，要注意杜绝哪些不安全行为？

一般地说，凡是能够或可能导致事故发生的人为失误均属于不安全行为。《企业职工伤亡事故分类标准》中规定的13大类不安全行为包括：

（1）未经许可，开动、关停、移动机器；开动、关停机器时未给信号，开关未锁紧；忘记关闭设备；忽视警告标志、警告信号；操作错误按钮、阀门、扳手、把柄等；奔跑作业，供料或送料速度过快；机械超速运转；违章驾驶机动车；酒后作业；人货混载；冲压机作业时，手伸进冲压模；工件紧固不牢；用压缩空气吹铁屑。

（2）安全装置被拆除、堵塞，造成安全装置失效。

（3）临时使用不牢固的设施或无安全装置的设备等。

（4）用手代替手动工具，用手清除切屑，不用夹具固定，用手拿工件进行机加工。

（5）成品、半成品、材料、工具、切屑和生产用品等存放不当。

（6）冒险进入危险场所。

（7）攀、坐不安全位置。

（8）在起吊物下作业、停留。

（9）机器运转时从事加油、修理、检查、调整、焊接、清扫等工作。

（10）分散注意力行为。

（11）在必须使用个人防护用品用具的作业或场合中，未按规定使用。

（12）在有旋转零部件的设备旁作业穿肥大服装；操纵带有旋转零部件的设备时戴手套。

（13）对易燃易爆等危险物品处理错误。

[血的教训]

一天，某厂生产一班给矿皮带工张某、和某两人打扫4号给矿皮带附近的场地，清理积矿。当张某清扫完非人行道上的积矿后，准备到人行道上帮助和某清扫。当时，张某拿着1.7米长的铁铲，为图方便抄近路，他违章从4号给矿皮带与5号给矿皮带之间穿越（当时，4号给矿皮带正以每秒2米的速度运行，5号给矿皮带已停运）。张某手里拿的铁铲触及运行中的4号皮带的增紧轮，铁铲和人一起被卷到了皮带增紧轮上，铁铲的木柄被折成两段弹了出去，张某的头部顶在增紧轮外的支架上，在高速运转的皮带挤压下，造成头骨破裂，当场死亡。

这起事故的直接原因是张某安全意识淡薄，自我保护意识极差，严重违反了皮带操作工安全操作规程中关于“严禁穿越皮带”的规定。事后据调查，张某曾多次违章穿越皮带，属习惯性违章，正是他的违章行为，导致了这次伤亡事故的发生。

这起事故给人们的教训是，企业应设置有效的安全防护设施，提高设备的本质安全水平。同时，对职工要加强教育，增强其安全意识，杜绝不安全行为。

18. 做好工伤预防，要注意避免出现哪些不安全心理？

根据大量的工伤事故案例分析，导致从业人员发生职业伤害最常见的不安全心理状态主要有以下几种：

（1）自我表现心理——“虽然我进厂时间短，但我年轻、聪明，干这活儿不在话下……”

（2）经验心理——“多少年一直是这样干的，干了多

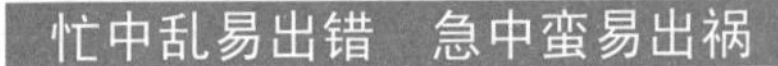

少遍了，能有什么问题……”

（3）侥幸心理——“完全照操作规程做太麻烦了，变通一下也不一定会出事吧……”

（4）从众心理——“他们都没戴安全帽，我也不戴了……”

（5）逆反心理——“凭什么听班长的呀，今儿我就这么干，我就不信会出事……”

（6）反常心理——“早上孩子肚子疼，自己去了医院，也不知道是什么病，真担心……”

[血的教训]

2013年5月的一天，某机械厂切割机操作工王某，在巡视纵向切割机时发现刀锯与板坯摩擦，有冒烟和燃烧现象，如不及时处理有可能引起火灾。王某当即停掉风机和切割机去排除故障，但没有关闭皮带机电源，皮带机仍然处于运转中。当王某伸手去掏燃着的纤维板屑时，袖口连同右臂突然被皮带机齿轮绞住，直到工友听到王某的呼救声才关闭了皮带机电源。此次事故造成王某右臂伤残。

这起事故的发生与操作者存在侥幸麻痹心理有直接的关系。操作者以前多次不关闭皮带机就去排除故障，侥幸未造成事故，因而麻痹大意，由此逐渐形成习惯性违章并最终导致惨剧发生。

19. 三级安全教育的内容有哪些?

三级安全教育是企业安全教育的基本教育制度，是指对新入厂职工开展的入厂教育、车间教育、班组教育。

（1）入厂教育是指新入厂职工在被分配到车间或工作岗位之前必须进行的初步的安全教育，主要是了解本企业安全生产概况和企业内的特殊危险源，以及基本的安全技术知识等。

（2）车间教育是指车间对新入厂职工进行的车间安全教育，主要是了解车间的规章制度及车间内的危险区、典型案例等。

（3）班组教育是指班组长对新入厂职工在上岗前进行的安全教育，主要是了解本工段或生产班组的安全生产情况、工作性质和职责范围、容易发生事故的部位、个人防护用品的使用和保管等。

20. 什么叫特种作业和特种设备作业? 为什么从事特种作业和特种设备作业必须接受培训考核，持证上岗?

特种作业和特种设备作业是指容易发生事故，对操作者本人、他人的安全健康及设备、设施的安全可能造成重大危害的作业。

特种作业及特种设备作业人员在劳动生产过程中担负着特殊任务，所承担的风险较大，一旦发生事故，便会给企业生产、职工生命安全造成较大损失。因此，从业人员必须进行专门的安全技术知识教育和安全操作技术训练，并经严格的考试，考试合格并取得特种作业或特种设备作业操作资格证书者，方可上岗工作。

[相关链接]

根据2010年7月1日起施行的《特种作业人员安全技术培训考核管理规定》（国家安全生产监督管理总局令第30号）的特种作业目录，特种作业主要包括电工作业类3种、焊接与热切割作业类3种、高处作业类2种、制冷与空调作业类2种、煤矿安全作业类10种、金属非金属矿山作业类8种、石油天然气安全作业类1种、冶金（有色）生产安全作业类1种、危险化学品安全作业类16种、烟花爆竹安全作业类5种以及由国家安全生产监督管理总局认定的其他作业，共10大类51个工种。

根据2011年7月1日起施行的《特种设备作业人员监督管理办法》（国家质量监督检疫检验总局令第140号），从事锅炉、压力容器（含气瓶）、压力管道、电梯、起重机械、客运索道、大型游乐设施、场（厂）内机动车辆等特种设备的作业人员及其相关管理人员统称特种设备作业人员。

[血的教训]

一天，某修建公司接到任务，更换料仓的下部分5米仓体，仓体钢板更换为14毫米钢板，并采用搭接焊接方法施工。修建公司将此项工程交付本公司安装分公司一队钳工三班。该班班长为了赶工期，擅自安排两名无证人员参加焊接作业。结果，新更换的仓体在开工后从环缝焊口处突然开裂，料仓及仓内约160吨的混合料脱落，将3人砸死。

焊接作业属于特种作业之一，从事该工作的人员必须经过培训，持证上岗。本次事故的原因就是修建公司使用无证人员从事焊接作业，造成焊接质量低劣，最终发生重大事故。

21. 什么是安全生产责任制？职工的安全生产职责有哪些？

安全生产责任制是企业的基本制度，是依据“管生产必须管安全”的原则，对企业各级领导和各类人员明确规定在安全生产中应负的责任，是企业中最基本的一项安全制度，是安全管理制度的核心。

职工的安全生产职责主要包括：

（1）认真学习和严格遵守各项规章制度，不违反劳动纪律，不违章作业，对本岗位的安全生产负直接责任。

（2）精心操作，严格执行工艺纪律，做好各项记录。交接班必须交接安全情况。

（3）正确分析、判断和处理各种事故隐患，把事故消灭在萌芽状态，如发生事故要正确处理，及时、如实地向上级报告，并保护现场，做好详细记录。

（4）按时认真进行巡回检查，发现异常情况及时处理和

报告。

（5）正确操作，精心维护设备，保持作业环境整洁，搞好文明生产。

（6）上岗必须按规定着装，妥善保管和正确使用各种防护器具和灭火器材。

（7）积极参加各种安全活动。

（8）有权拒绝违章作业的指令，对他人违章作业加以劝阻和制止。

［法律提示］

《刑法》第一百三十四条　在生产、作业中违反有关安全管理的规定，因而发生重大伤亡事故或者造成其他严重后果的，处三年以下有期徒刑或者拘役；情节特别恶劣的，处三年以上七年以下有期徒刑。

强令他人违章冒险作业，因而发生重大伤亡事故或者造成其他严重后果的，处五年以下有期徒刑或者拘役；情节特别恶劣的，处五年以上有期徒刑。

第一百三十六条　违反爆炸性、易燃性、放射性、毒害性、腐蚀性物品的管理规定，在生产、储存、运输、使用中发生重大事故，造成严重后果的，处三年以下有期徒刑或者拘役；后果特别严重的，处三年以上七年以下有期徒刑。

第一百三十九条之一　在安全事故发生后，负有报告职责的人员不报或者谎报事故情况，贻误事故抢救，情节严重的，处三年以下有期徒刑或者拘役；情节特别严重的，处三年以上七年以下有期徒刑。

22. 安全检查如何进行？包括哪些项目？

安全检查是企业安全生产的一项基本制度。

安全检查的形式主要有定期安全检查、经常性安全检查、季节性及节假日前安全检查、专项安全检查、综合性安全检查、不定期的职工代表巡视安全检查。

进行安全检查要先确定安全检查项目、检查路线及标准，并按项目、路线、标准进行检查。检查时要做到人员、时间、内容三落实，检查活动要有记录。

安全检查一般包括以下项目：

（1）连续生产的单位重点检查交接班制度执行情况。

（2）危险施工现场应确保配备安全监护人，并要认真履行职责，保留完整的安全监护记录。所使用的设备、设施、工具、用具、仪表、仪器、容器等都应有专人保管，有安全检查责任牌，按时进行检查。

（3）所有设备、设施、工具、用具必须完好齐全；防护、保险、信号、仪表、报警等安全装置完好齐全，准确有效；所有场地的油气水管线、闸门无跑、冒、滴、漏现象，消防设施、器材、工具按要求配备，保管完好，定期进行检验维修，实行挂牌责任制。

（4）应设置安全标志的地方，按标准设置且标志完好清晰；电气、电路安装正确、完好；该使用防爆电器的地方，按要求使用；应装防静电装置的地方，正确安装。

（5）生产场地平整、清洁，无危险建筑及设施；生产的成品、半成品，所用的材料、原料，使用的用具、工具堆放、摆

放符合安全要求；无生产中不需使用的易燃易爆及危险物品，如需要使用应有安全规定及防护措施；光线、照明要符合国家标准，应装置安全防护设施的地方都按标准进行了安装。

（6）禁烟火的生产场所，无火源及烟蒂、火柴棒；动火作业按要求办理动火手续，并制定严格的防护措施；生产场所无生产中不许使用的电炉、煤（汽、柴）油炉和液化气炉，经过批准使用的要有安全规定，并按规定执行。

［血的教训］

2012年4月的一天，晚7时许，某棉纺织厂维修车间工段长李某和两名维修工，带着电焊机等工具，到一分厂车间内维修轧花机。当时，轧花机四周地面上有许多棉杂物及废料。由于急于维修设备，他们都疏忽了厂里对焊接作业的有关安全制度规定。在焊接作业中，飞溅的火星纷纷扬扬地洒落在棉杂物里。到晚上9时许，李某等人维修完了轧花机，没有按照规定认真检查作业现场是否留有火灾隐患，就急急忙忙收拾好工具回家去了。他们没有想到，那些飞溅的小焊渣落到棉杂物中引燃了棉杂物，火苗由小渐大，最终酿成火灾。虽经奋力扑救，火灾被扑灭，但是造成了多人伤亡和百万元的经济损失。

造成这起事故的主要原因之一是李某等人缺乏责任感和安全意识，疏忽大意，最终酿成事故。

23. 什么是“三不伤害”“三违”和“四不放过”？

“三不伤害”是指“不伤害他人，不伤害自己，不被他人伤害”。开展“三不伤害”活动的核心和目的就是强化职工的安全生产意识，做到自觉遵守操作规程和劳动纪律。

“三违”是指“违章指挥、违章作业、违反劳动纪律”。据统计，70%以上的事故都是由于“三违”造成的，所以，必须杜绝“三违”以减少和预防事故的发生，保障劳动者的合法权益和生命安全。

一旦发生事故，对事故的处理要坚持“四不放过”的原则，即事故原因分析不清楚不放过；事故责任者没有受到严肃处理不放过；广大职工群众没有受到教育不放过；防范措施没有落实不放过。

发生事故后，企业和职工应认真分析原因，组织检查，及时整改，排除隐患，采取防范措施，避免类似事故的再次发生。对事故责任者要追究责任，严肃处理。其他职工要从事故中吸取教训，加强安全意识，切忌抱着事故发生在别人身上，与己无关的冷漠态度。

24. 我国工伤保险制度的适用范围是什么？

《工伤保险条例》第二条规定，“中华人民共和国境内的

企业、事业单位、社会团体、民办非企业单位、基金会、律师事务所、会计师事务所等组织和有雇工的个体工商户（以下称用人单位）应当依照本条例规定参加工伤保险，为本单位全部职工或者雇工（以下称职工）缴纳工伤保险费。

中华人民共和国境内的企业、事业单位、社会团体、民办非企业单位、基金会、律师事务所、会计师事务所等组织的职工和个体工商户的雇工，均有依照本条例的规定享受工伤保险待遇的权利。”

本条所规定的“企业”，包括在中国境内的所有形式的企业，按照所有制划分，有国有企业、集体所有制企业、私营企业、外资企业；按照所在地域划分，有城镇企业、乡镇企业；按照企业的组织结构划分，有公司、合伙企业、个人独资企业、股份制企业等。

25. 工伤保险费是由劳动者个人缴纳吗?

工伤保险费是由企业或雇主按国家规定的费率缴纳的，劳动者个人不缴纳任何费用，这是工伤保险与养老保险、医疗保险等其他社会保险项目的不同之处。个人不缴纳工伤保险费，体现了工伤保险的严格雇主责任。

随着经济、社会的发展，世界各国已达成共识，认为劳动者在为企业创造财富、为社会做出贡献的同时，还冒着付出鲜血和健康的代价。因此，由企业缴纳保险费是完全必要和合理的。我国《工伤保险条例》第十条规定，“用人单位应当按时缴纳工伤保险费。职工个人不缴纳工伤保险费。用人单位缴纳工伤保险费的数额为本单位职工工资总额乘以单位缴费费率之积。对难以按照工资总额缴纳工伤保险费的行业，其缴纳工伤保险费的具体方式，由国务院社会保险行政部门规定。”

26. 什么情形可以认定为工伤和不能认定为工伤?

《工伤保险条例》对工伤的认定作出了明确规定。

（1）职工有下列情形之一的，应当认定为工伤：

1）在工作时间和工作场所内，因工作原因受到事故伤害的；

2）工作时间前后在工作场所内，从事与工作有关的预备性或者收尾性工作受到事故伤害的；

3）在工作时间和工作场所内，因履行工作职责受到暴力等意外伤害的；

4）患职业病的；

5）因工外出期间，由于工作原因受到伤害或者发生事故下落不明的；

6）在上下班途中，受到非本人主要责任的交通事故或者城市轨道交通、客运轮渡、火车事故伤害的；

7）法律、行政法规规定应当认定为工伤的其他情形。

（2）职工有下列情形之一的，视同工伤：

1）在工作时间和工作岗位，突发疾病死亡或者在48小时之内经抢救无效死亡的；

2）在抢险救灾等维护国家利益、公共利益活动中受到伤害的；

3）职工原在军队服役，因战、因公负伤致残，已取得革命伤残军人证，到用人单位后旧伤复发的。

职工有前款第1）项、第2）项情形的，按照《工伤保险条例》有关规定享受工伤保险待遇；职工有前款第3）项情形的，按照《工伤保险条例》的有关规定享受除一次性伤残补助金以

外的工伤保险待遇。

（3）职工符合前述规定，但是有下列情形之一的，不得认定为工伤或者视同工伤：

1）故意犯罪的；

2）醉酒或者吸毒的；

3）自残或者自杀的。

［相关链接］

田某1996年进入某市铸造厂从事铸造工作。2011年的一天，车间主任派他到该厂另外一车间拿工具。在返回工作岗位途中，被该厂建筑工地坠落的砖块砸伤头部，当即被送往医院救治，被诊断为脑挫裂伤。出院后，田某向单位申请工伤待遇，但是单位认为他不是在本职岗位受伤，因此不能享受工伤待遇。田某遂向当地社会保险行政部门投诉，要求认定其为工伤。

当地社会保险行政部门经调查后认为：虽然田某的致伤地点不是本职岗位，但他是受领导（车间主任）指派离开本职岗位到另一车间拿工具的，故其受伤地点应属于工作场所。这一事故具有一般工伤事故应具备的“三工”要素，即在工作时间、工作地点，因工作原因而受伤。因此，当地社会保险行政部门认定田某为工伤，并责成单位给予田某工伤待遇。

27. 申请工伤认定的主要流程有哪些？

发生工伤事故，或诊断为职业病 →

提出工伤认定申请：职工所在单位应当自职工事故伤害发生之日或者职工被诊断、鉴定为职业病之日30日内，向统筹地区社会保险行政部门提出工伤认定申请。

提示：用人单位未按前款规定提出工伤认定申请的，工伤职工或者其近亲属、工会组织在事故伤害发生之日或者被诊断、鉴定为职业病之日起1年内，可以直接向用人单位所在地统筹地区社会保险行政部门提出工伤认定申请。→

备齐申请材料：（1）工伤认定申请表；（2）与用人单位存在劳动关系（包括事实劳动关系）的证明材料；（3）医疗诊断证明或者职业病诊断证明书（或者职业病诊断鉴定书）。

工伤认定申请表应当包括事故发生的时间、地点、原因以及职工伤害程度等基本情况。→

社会保险行政部门受理：申请材料完整，属于社会保险行政部门管辖范围且在受理时效内的，应当受理。申请材料不完整的，社会保险行政部门应当一次性书面告知工伤认定申请人需要补正的全部材料。→

作出工伤认定：社会保险行政部门应当自受理工伤认定申请之日起60日内作出工伤认定的决定，并书面通知申请工伤认定的职工或者其近亲属和该职工所在单位。

28. 申请劳动能力鉴定的主要流程有哪些?

伤情基本稳定，进行劳动能力鉴定：职工发生工伤，经治疗伤情相对稳定后存在残疾、影响劳动能力的，应当进行劳动能力鉴定。劳动功能障碍分为十个伤残等级，最重的为一级，最轻的为十级。生活自理障碍分为三个等级：生活完全不能自理、生活大部分不能自理和生活部分不能自理。→

备齐材料，提出申请：劳动能力鉴定由用人单位、工伤职

工或者其近亲属向设区的市级劳动能力鉴定委员会提出申请，并提供工伤认定决定和职工工伤医疗的有关资料。　→

接受申请，作出鉴定结论：设区的市级劳动能力鉴定委员会应当自收到劳动能力鉴定申请之日起60日内作出劳动能力鉴定结论，必要时，作出劳动能力鉴定结论的期限可以延长30日。劳动能力鉴定结论应当及时送达申请鉴定的单位和个人。　→

存在异议，可向上级部门提出再次鉴定申请：申请鉴定的单位或者个人对设区的市级劳动能力鉴定委员会作出的鉴定结论不服的，可以在收到该鉴定结论之日起15日内向省、自治区、直辖市劳动能力鉴定委员会提出再次鉴定申请。省、自治区、直辖市劳动能力鉴定委员会作出的劳动能力鉴定结论为最终结论。　→

伤残情况发生变化，可申请劳动能力复查鉴定：自劳动能力鉴定结论作出之日起1年后，工伤职工或者其近亲属、所在单位或者经办机构认为伤残情况发生变化的，可以申请劳动能力复查鉴定。

29. 工伤保险待遇主要包括哪些?

《工伤保险条例》中规定的工伤保险待遇主要有：

（1）工伤医疗及康复待遇。

包括工伤治疗及相关补助待遇、工伤康复待遇、辅助器具的安装配置待遇等。

（2）停工留薪期待遇。

职工因工作遭受事故伤害或者患职业病需要暂停工作接受工伤医疗的，在停工留薪期内，原工资福利待遇不变，由所在单位按月支付。停工留薪期一般不超过12个月。伤情严重或者情况特殊，经设区的市级劳动能力鉴定委员会确认，可以适当延长，但延长不得超过12个月。生活不能自理的工伤职工在停工留薪期需要护理的，由所在单位负责。

（3）伤残待遇。

根据工伤发生后劳动能力鉴定确定的劳动功能障碍程度和生活处理障碍程度的等级不同，工伤职工可享受相应的一次性伤残补助金、伤残津贴、一次性工伤医疗补助金、一次性伤残就业补助金及生活护理费等。

（4）工亡待遇。

职工因工死亡，其近亲属按照规定从工伤保险基金领取丧葬补助金、供养亲属抚恤金和一次性工亡补助金。

第二章　安全作业

30. 你认识安全色与安全标志吗?

我国安全色标准规定红、黄、蓝、绿四种颜色为安全色。红色表示禁止、停止；黄色表示警告、注意；蓝色表示指令及必须遵守的规定；绿色表示安全、提示。

安全标志是由安全色、几何图形和图形符号构成的，是用来表达特定安全信息的标记，分为禁止标志、警告标志、指令标志和提示标志四类。

禁止标志的含义是禁止人们的不安全行为。例如：

禁止吸烟

禁止跨越

禁止饮用

警告标志的含义是提醒人们对周围环境引起注意，以避免可能发生的危险。例如：

注意安全

当心火灾

当心触电

指令标志的含义是强制人们必须做出某种动作或采取防范措施。例如：

必须戴防尘口罩

必须戴安全帽

必须系安全带

提示标志的含义是向人们提供某种信息（如标明安全设施或场所等）。例如：

紧急出口

避险处

可动火区

［专家提示］

安全标志一般设在醒目的地方，人们看到后有足够的时间来注意它所表示的内容。不能设在门、窗、架子等可移动的物体上，因为这些物体位置移动后安全标志就起不到作用了。

31. 生产过程中，常使用哪些劳动防护用品？

生产过程中，从业人员常常会用到以下劳动防护用品：

（1）头部防护用品。主要有一般防护帽、防尘帽、防水帽、防寒帽、安全帽、防静电帽、防高温帽、防电磁辐射帽、防昆虫帽等。

（2）呼吸器官防护用品。按防护功能主要分为防尘口罩和防毒口罩（面罩），按型式又可分为过滤式和隔离式两类。

（3）眼面部防护用品。主要有防尘、防水、防冲击、防高温、防电磁辐射、防射线、防化学飞溅、防风沙、防强光等护具。

（4）听觉器官防护用品。主要有耳塞、耳罩和防噪声头盔。

（5）手部防护用品。主要有一般防护手套、防水手套、防寒手套、防毒手套、防静电手套、防高温手套、防X射线手套、防酸碱手套、防油手套、防振手套、防切割手套、绝缘手套等。

（6）足部防护用品。主要有防尘鞋、防水鞋、防寒鞋、防静电鞋、防酸碱鞋、防油鞋、防烫脚鞋、防滑鞋、防刺穿鞋、电绝缘鞋、防振鞋等。

（7）躯干防护用品。主要有一般防护服、防水服、防寒服、防砸背心、防毒服、阻燃服、防静电服、防高温服、防电磁辐射服、耐酸碱服、防油服、水上救生衣、防昆虫服、防风沙服等。

（8）护肤用品。主要有防毒、防腐、防射线、防油漆等不同功能的护肤用品。

（9）防坠落用品。主要有安全带和安全网两种。

安全帽

防噪声耳罩

安全带

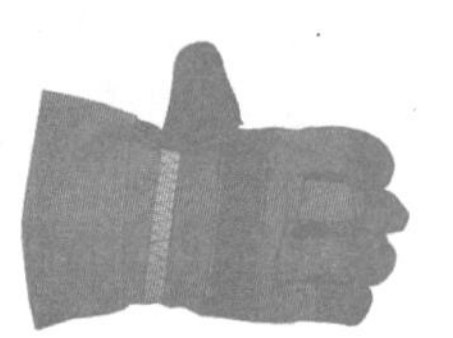
防护手套

［专家提示］

职工所使用的劳动防护用品必须是由国家批准的正规厂家生产的符合国家标准的产品。

32. 使用劳动防护用品要注意什么？

在工作场所必须按照要求佩戴和使用劳动防护用品。劳

动防护用品是根据生产工作的实际需要发给个人的，每个职工在生产工作中都要好好地应用它，以达到预防事故、保障个人安全的目的。使用劳动防护用品要注意的问题有：

（1）选择防护用品应针对防护目的，正确选择符合要求的用品，绝不能选错或将就使用，以免发生事故。

（2）对使用防护用品的人员应进行教育和培训，使其能充分了解使用目的和意义，并正确使用。对于结构和使用方法较为复杂的用品，如呼吸防护器，应进行反复训练，使人员能熟练使用。用于紧急救灾的呼吸器，要定期严格检验，并妥善存放在可能发生事故的地点附近，方便取用。

（3）妥善维护保养防护用品，不但能延长其使用期限，更重要的是能保证用品的防护效果。耳塞、口罩、面罩等用后应用肥皂、清水洗净，并用药液消毒、晾干。过滤式呼吸防护器的滤料要定期更换，以防失效。防止皮肤污染的工作服用后应集中清洗。

（4）防护用品应有专人管理，负责维护保养，保证劳动防护用品充分发挥其作用。

［专家提示］

选择劳动防护用品要注意适用性，必须根据不同的工种和作业环境以及使用者的自身特点等选用合适的防护用品。如耳塞和防噪声帽（有大小型号之分），如果选择的型号太小，就

不会很好地起到防噪声的作用。

33. 如何正确佩戴安全帽?

（1）首先检查安全帽的外壳是否破损（如有破损，其分解和削弱外来冲击力的性能就已减弱或丧失，不可再用），有无合格帽衬（帽衬的作用是吸收和缓解冲击力，若无帽衬，则丧失了保护头部的功能），帽带是否完好。

（2）调整好帽衬顶端与帽壳内顶的间距（4～5 厘米），调整好帽箍。

（3）安全帽必须戴正。如果戴歪了，一旦受到打击，就起不到减轻对头部冲击的作用。

（4）必须系紧下颌带，戴好安全帽。如果不系紧下颌带，一旦发生构件坠落打击事故，安全帽就容易掉下来，导致严重后果。

现场作业中，切记不得将安全帽脱下搁置一旁，或当坐垫使用。

34. 如何正确使用安全带?

（1）应当检查安全带是否经质检部门检验合格，在使用前应检查各部分构件有无破损。

（2）安全带上的任何部件都不得私自拆换。

（3）在使用过程中，安全带应高挂低用，并防止摆动、碰撞，避免尖刺，不得接触明火，不能将钩直接挂在安全绳上，应挂在连接环上。

（4）严禁使用打结和续接的安全绳，以防坠落时腰部受到较大冲力伤害。

（5）作业时应将安全带的钩、环挂在系留点上，各卡接扣紧，以防脱落。

（6）在温度较低的环境中使用安全带时，要注意防止安全绳的硬化割裂。

（7）使用后，将安全带、绳卷成盘放在无化学试剂、避光处，切不可折叠。在金属配件上涂些机油，以防生锈。

35. 电对人体会产生怎样的危害?

生产和生活都离不开电的使用。但是，如果不能正确地认识电、使用电，它也会给我们造成伤害。例如，人体接受过量的电流，可能会造成电击伤；电能转换为热能作用于人体，可致人体烧伤或灼伤；电气设备可产生电磁波，过量的电磁辐射会造成人体机能的损害。

当人体的接触电流达到0.5 ~ 1毫安时，人就有手指、手腕麻或痛的感觉；当电流增至8 ~ 10毫安时，针刺感、疼痛感增强，机体发生痉挛会抓紧带电体，但终能摆脱带电体；当接触电流达到20 ~ 30毫安时，会使人迅速麻痹不能摆脱带电体，而且血压升高，呼吸困难；电流超过50毫安时，就会使人呼吸麻痹，身体颤抖，数秒钟后就可使人致命。

[知识学习]

人体触电时间越长，危害越大。电流通过人体最危险的途径是从手到脚，其次是从手到手，危险最小的是从脚到脚，但可能导致二次事故的发生。工频电比直流电、高频电对人体的危害大。

36. 因触电造成的工伤事故，常见的原因有哪些？

（1）错误操作和违章作业造成的触电事故多。其主要原因是由于安全教育不够、安全制度不严和安全措施不完善，一些人缺乏足够的安全意识。

（2）中青年工人、非专业电工、合同工和临时工触电事故多。其原因是由于这些人是主要操作者，经常接触电气设备。而且，这些人经验不足，比较缺乏用电安全知识，其中有的人责任心还不够强，以致触电事故多。

（3）低压设备触电事故多。其主要原因是低压设备远远多于高压设备，与之接触的人比与高压设备接触的人多得多，而且多数是比较缺乏电气安全知识的非电气专业人员。

（4）移动式设备和临时性设备触电事故多。其主要原因是这些设备是在人的紧握之下运行的，不但接触电阻小，而且一旦触电就难以摆脱电源。同时，这些设备需要经常移动，工

作条件差，设备和电源线都容易发生故障或损坏。

（5）电气连接部位触电事故多。很多触电事故发生在接线端子、缠接接头、压接接头、焊接接头、电缆头、灯座、插头、插座等电气连接部位。主要是由于这些连接部位机械牢固性较差、接触电阻较大、绝缘强度较低，容易出现故障的缘故。

（6）6～9月触电事故多。主要原因是这段时间天气炎热、人体衣单而多汗，触电危险性较大；而且这段时间多雨、潮湿，地面导电性增强、电气设备的绝缘电阻降低，容易构成电流回路；其次，这段时间农村是农忙季节，农村用电量增加，触电事故增多。

（7）潮湿、高温、混乱、多移动式设备、多金属设备环境中的触电事故多。例如，冶金、矿业、建筑、机械等行业容易存在这些不安全因素，乃至触电事故较多。

［想一想］

你的身边都有哪些电气事故隐患呢？应采取什么方法消除这些隐患？

37. 作业场所用电有哪些注意事项？

（1）未经电工特种作业培训考核合格并取得上岗证的人员，不得从事电工作业。

（2）车间内的电气设备不得随意乱动。如果电气设备出了故障，应请电工修理，不得私自修理，更不能带故障运行。

（3）电工进行作业前必须验电。任何电气设备在未验明无电之前，应一律认为有电，不要盲目触及；对“禁止合闸”“有人操作”等标牌，无关人员不得移动。

（4）电气设备必须有保护性接地、接零装置，并经常对其进行检查，以保证连接的牢固。

（5）需要移动某些非固定安装的电气设备，如照明灯、电焊机等时，必须先切断电源再移动，同时要防止导线被拉断。

（6）作业人员经常接触和使用的配电箱、配电板、闸刀开关、按钮开关、插座、插头以及导线等必须保持安全完好，不得有破损或使带电部分裸露。

（7）在雷雨天切忌走近高压电线杆、铁塔、避雷针等处，应至少远离其20米之外，以免发生跨步电压触电。

（8）发生电气火灾时，应立即切断电源，用黄沙或二氧化碳、四氯化碳灭火器灭火，切不可用水或泡沫灭火器灭火。

［专家提示］

当电气设备或电路系统中熔丝（保险丝）熔断时，禁止用铜丝和铁丝代替熔丝使用。

[血的教训]

2011年某日上午，变电班电工高某等人接受维修任务后来到变电所，拉下10千伏高压负荷开关。听到变压器的声响停止，以为已经断电，于是高某爬上高压柜准备清扫母排，却当即被电击倒，经抢救无效死亡。在这起事故中，如果高某等人按照操作规程办事，进行作业前的检查确认，在拉断开关后进行验电，这起事故就会避免。

38. 静电和雷电对我们有哪些危害?

在生产工艺过程和工作人员操作过程中，由于某些材料的相对运动、接触与分离等原因，会形成静电。静电不会直接使人致命，但是，静电电压可以高达数万伏乃至数十万伏，可能在现场发生放电，产生静电火花。在火灾和爆炸危险场所，静电火花是一个十分危险的因素。

雷电放电具有电流大、电压高等特点。其能量释放出来后，可能产生极大的破坏力。雷击除可能毁坏设施和设备，引起火灾和爆炸外，还可能直接伤及人、畜。

[专家提示]

（1）在进行容易产生静电的操作时，必须有良好的接地装置，及时导除聚集的静电。

（2）在遇雷雨天或作业场所中有跨步电压触电危险时，可采用单足或并足跳的方法逃离危险区。

（3）在室外遇雷雨时，要及时躲避。在空旷的野外无处躲避时，应尽量寻找低洼之处，或者立即蹲下。不要使用手机。

39. 使用手持电动工具要遵守哪些安全防护措施？

（1）辨认铭牌，检查工具或设备的性能是否与使用条件相适应。

（2）检查其防护罩、防护盖、手柄防护装置等有无损伤、变形或松动。不得任意拆除机械防护装置。

（3）检查电源开关是否失灵、是否破损、是否牢固、接线有无松动。

（4）检查设备的转动部分是否灵活。

（5）使用任何手持电动工具都必须执行安全技术操作规程，操作者应穿戴好绝缘鞋、绝缘手套等劳动防护用品，并站在绝缘板上操作。

（6）手持电动工具的电源要安装漏电保护器，工具的金属外壳应防护接地或接零；手持电动工具配用的导线、插头、插座应符合要求。

（7）首次使用前，应检测手持电动工具的接零和绝缘情况，确认无误后才能使用。

（8）手持电动工具的导线必须使用绝缘橡胶护套线，禁止用塑料

护套线；导线两端要连接牢固，内部接头要正确，特别是手柄尾部的电缆护套要完好。

（9）手持电动工具的电缆线不应有接头，长度不宜超过5米。

（10）在使用中挪动手持电动工具时只能手提握柄，不得提导线拉扯；也不要过分翻转，避免手柄内电源接头缠、扯脱落，使机壳带电或发生短路；要防止手持电动工具的工作端对人体造成机械伤害。

（11）在易燃易爆工作环境中切不可使用手持电动工具，以免产生火花酿成火灾爆炸事故。

（12）用毕及时切断电源，并妥善保管。

40. 常见的因机械伤害造成的工伤事故有哪些?

（1）机械设备零、部件做旋转运动时造成的伤害。例如机械设备中的齿轮、带轮、滑轮、卡盘、轴、光杠、丝杠、联轴节等零、部件都是做旋转运动的。旋转运动造成人员伤害的主要形式是绞伤和物体打击伤。

（2）机械设备的零、部件作直线运动时造成的伤害。例如锻锤、冲床、切钣机的施压部件，牛头刨床的床头，龙门刨床的床面及桥式吊车大、小车和升降机构等都是作直线运动。作直线运动的零、部件造成的伤害事故主要有压伤、砸伤、挤伤。

（3）刀具造成的伤害。例如车床上的车刀、铣床上的铣刀、钻床上的钻头、磨床上的磨轮、锯床上的锯条等都是加工零件用的刀具。刀具在加工零件时造成的伤害主要有烫伤、刺伤、割伤。

（4）被加工的零件造成的伤害。机械设备在对零件进行加工的过程中，有可能对人身造成伤害。这类伤害事故主要有：① 被加工零件固定不牢被甩出打伤人，例如车床卡盘夹不牢，在旋转时就会将工件甩出伤人。② 被加工的零件在吊运和装卸过程中，可能砸伤人。

（5）电气系统造成的伤害。工厂里使用的机械设备，其动力绝大多数是电能，因此每台机械设备都有自己的电气系统。主要包括电动机、配电箱、开关、按钮、局部照明灯以及接零（地）和馈电导线等。电气系统对人的伤害主要是电击。

（6）手用工具造成的伤害。

（7）其他的伤害。机械设备除去能造成上述各种伤害外，还可能造成其他一些伤害。例如有的机械设备在使用时伴随着发出强光、高温，还有的放出化学能、辐射能，以及尘毒危害物质等，这些对人体都可能造成伤害。

41. 防止机械伤害事故的工伤预防措施有哪些？

（1）必须正确穿戴个人防护用品。该穿戴的必须穿戴，不该穿戴的就一定不要穿戴。例如机械加工时要求女工戴防护帽，如果不戴就可能将头发绞进去。同时要求不得戴手套，如果戴了，机械的旋转部分就可能将手套绞进去，将手绞伤。

（2）操作前要对机械设备进行安全检查，而且要空车运转一下，确认正常后，方可投入运行。

（3）机械设备在运行中也要按规定进行安全检查。特别是检查紧固的物件是否由于振动而松动，以便重新紧固。

（4）机械设备严禁带故障运行，千万不能凑合使用，以防出事故。

（5）机械设备的安全装置必须按规定正确使用，更不准将其拆掉不使用。

（6）机械设备使用的刀具、工夹具以及加工的零件等一定要装卡牢固，不得松动。

（7）机械设备在运转时，严禁用手调整，也不得用手测量零件，或进行润滑、清扫杂物等。如必须进行时，则应首先关停机械设备。

（8）机械设备运转时，操作者不得离开工作岗位，以防发生问题时，无人处置。

（9）工作结束后，应关闭开关，把刀具和工件从工作位置退出，并清理好工作场地，将零件、工夹具等摆放整齐，搞好机械设备的卫生。

[血的教训]

一天上午，某机械加工厂镗工张某正在卧式镗床上加工一种较大较复杂的部件，镗床主轴以每分钟200转的速度旋转着。突然，张某痛苦地大叫一声，师傅闻声急忙按下停车按钮。只见张某上身裸露地趴在工件上，左臂鲜血淋淋，工作服、毛

衣、衬衣、背心全部被撕破缠绕在镗杆上。经送医院检查救治，张某左臂及手腕多处皮肤撕裂，肌肉严重挫伤，脾脏破裂被手术切除。

事故调查发现，引起事故的直接原因是张某工作服最下边一粒纽扣未系，在他观察工件加工情况时，衣角被镗杆绞住，由此而造成事故。从这起事故看，正确穿戴个人劳动防护用品是作业人员安全生产的一个重要环节，假如张某上岗前按工作服“三紧”着装要求，将上衣纽扣全部系好，事故是完全可以避免的。

42. 切削加工安全操作规程的主要内容是什么?

（1）被加工工件的重量、轮廓尺寸应与机床的技术性能数据相适应。

（2）被加工工件的重量大于20千克时，应使用起重设备。

（3）在工件回转或刀具回转的情况下，禁止戴手套操作。

（4）紧固工件、刀具或机床附件时要站稳，不要用力过猛。

（5）每次开动机床前都要确认对任何人无危险，机床附件、加工件以及刀具均已固定牢靠。

（6）当机床已在工作时，不能变动手柄和进行测量、调整、清理等工作。操作者应观察加工进程。

（7）如果在加工过程中易形成飞起的切屑，为安全起见，应放防护挡板。从工作地和机床上清除切屑及防止切屑缠绕在被加工工件或

刀具上，不能直接用手，也不能用压缩空气吹，而要用专用工具。

（8）正确地安放被加工件，不要堵塞机床附近通道，要及时清扫切屑，工作场地特别是脚踏板上，不能有冷却液和油。

（9）当用压缩空气作为机床附件驱动力时，废气排放口应朝着远离机床的方向。

（10）经常检查零件在工作地或库房内堆放的稳固性，当将这些零件移到运箱中时，要确保它们位置稳定以及运箱本身稳定。

（11）当离开机床时，即使是短时间离开，也一定要关电源停车。

（12）当出现电绝缘发热并有气味、设备运转声音不正常时，要迅速停车检查。

43. 冲压加工安全操作规程的主要内容是什么？

（1）开始操作前，必须认真检查防护装置是否完好，离合器制动装置是否灵活和安全可靠。应把工作台上的一切不必要的物件清理干净，以防工作时振落到脚踏开关上，造成冲床突然启动而发生事故。

（2）冲压小工件时不得用手，应该使用专用工具，最好安装自动送料装置。

（3）操作者对脚踏开关的控制必须小心谨慎。装卸工件时，脚应

离开脚踏开关。严禁他人在脚踏开关周围停留。

（4）如果工件卡在模子里，应用专用工具取出，不准用手拿，并应将脚从脚踏开关上移开。

44. 如何拨打火警电话？

发现火情不要惊慌失措，要及时报警，火警电话号码119要记清。

（1）火警电话打通后，应讲清着火单位，所在区县、街道、门牌或乡村的详细地址。

（2）要讲清什么东西着火，起火部位，燃烧物质和燃烧情况，火势怎样。

（3）报警人要讲清自己的姓名、工作单位和电话号码。

（4）报警后要派专人在街道路口等候消防车到来，指引消防车去往火场，以便迅速、准确地到达起火地点。

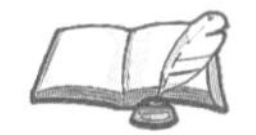

［专家提示］

（1）拨打119免收电话费，所有公用电话均可直接拨打。

（2）119还参加其他事故的救援工作，包括：各种危险化学品泄漏事故的救援；水灾、风灾、地震等重大自然灾害的抢险救援；恐怖袭击等突发性事件的应急救援；单位和群众遇险求助时的救援救助等。

45. 引起火灾和爆炸的常见点火源有哪些？

点火源是引起火灾和爆炸事故的重要条件。为了预防火灾和爆炸，要对点火源进行严格管理。在生产中，引起火灾和爆炸的常见点火源有以下八种：

（1）明火。例如火炉、火柴、烟道喷出火星、气焊和电焊喷火等。

（2）高热物及高温表面。例如加热装置、高温物料的输送管、冶炼厂或铸造厂里熔化的金属等。

（3）电火花。例如高电压的火花放电、开闭电闸时的弧光放电等。

（4）静电火花。例如液体流动引起的带电、人体的带电等静电火花。

（5）摩擦与撞击。例如机器上轴承转动的摩擦；磨床和砂轮的摩擦；铁器工具相撞等。

（6）物质自行发热。例如油纸、油布、煤的堆积，金属钠接触水发生反应等。

（7）绝热压缩。如硝化甘油液滴中含有气泡时，被锤击受到绝热压缩，瞬时升温，可使硝化甘油液滴被加热至着火点而爆炸。

（8）化学反应热及光线和射线等。

［想一想］

在你的工作现场存在哪些火灾隐患？这些火灾隐患应如何消除？

46. 焊工应遵守的“十不焊割”原则是什么？

焊接火花是火灾和爆炸的重要点火源。违规焊接作业会引

起火灾事故。焊工在作业时要遵守“十不焊割”原则。

（1）焊工未经安全技术培训考试合格，领取操作证，不能焊割。

（2）在重点要害部门和重要场所，未采取措施，未经单位有关领导和车间、安全、保卫部门批准及办理动火证手续，不能焊割。

（3）在容器内工作没有12 伏低压照明和通风不良及无人在场监护下不能焊割。

（4）未经领导同意，面对他人擅自拿来的物件，在不了解其使用情况和构造情况下，不能焊割。

（5）盛装过易燃易爆气体（固体）的容器、管道，未经彻底清洗和处理并消除火灾爆炸危险的，不能焊割。

（6）用可燃材料充作保温、隔音设施的部位，未采取切实可靠的安全措施，不能焊割。

（7）有压力的管道或密闭容器，如空气压缩机、高压气瓶、高压管道、带气锅炉等，不能焊割。

（8）焊接场所附近有易燃物品，未作清除或未采取安全措施，不能焊割。

（9）在禁火区内（防爆车间、危险品仓库附近）未采取严格隔离等安全措施，不能焊割。

（10）在一定距离内，有与焊割明火操作相抵触的作业（如汽油擦洗、喷漆、灌装汽油等作业会排出大量易燃气体），不能焊割。

[血的教训]

某市商业大厦防盗卷帘门坏了，保卫部请个体户刘某前来修理。7 时45分左右，刘某雇请的两名焊工开始作业。当对铁板及立柱进行焊接时，因焊点处温度过高，使铁板上堆放的毛巾、纸张等易燃物品起火而引发火灾。火灾使商厦部分被烧毁，直接经济损失80多万元。

两名焊工因焊接作业过程中违反规章制度，没有清除铁板上堆放的毛巾、纸张等易燃物品，造成重大事故，后果严重，其行为已构成重大责任事故罪，分别被判处有期徒刑1 年6 个月和8 个月。

47. 灭火的基本方法有哪几种?

（1）冷却法。例如用水和二氧化碳直接喷射燃烧物，降低燃烧物的温度，以及往火源附近未燃烧物上喷洒灭火剂，防止形成新的火点。

（2）窒息法。例如用不燃或难燃的石棉被、湿麻袋、湿棉被等捂盖燃烧物，用沙土埋没燃烧物，减少燃烧区域的氧气量，使火焰熄灭。

（3）隔离法。使燃烧物和未燃烧物隔离，限制燃烧范围。例如将火源附近的可燃、易燃、易爆和助燃物搬走；关闭可燃气体、液体管路的阀门，减少和阻止可燃物进入燃烧区

内；堵截流散的燃烧液体。

（4）抑制法。例如往燃烧物上喷射干粉等灭火剂，可中断燃烧的连锁反应，达到灭火的目的。

［想一想］

电气设备着火后，能直接用水扑救吗？为什么？

48. 如何针对不同类型的火灾选择灭火器？

A类：普通固体可燃物质，如木材、纸张等（燃烧后为炭）的火灾。水是这类火灾最好的灭火剂，可用清水或一般泡沫灭火剂。

普通固体可燃物质

易燃液体与低熔点固体

气体

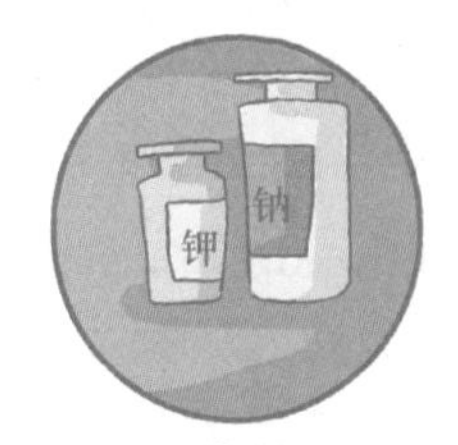

可燃金属

B类：易燃液体与低熔点固体，如各种油类、有机溶剂、石油制品、油漆、石蜡、沥青、松香等的火灾。最好使用干粉灭火器，还可用二氧化碳、泡沫灭火器。

C类：气体，如煤气、液化石油气等的火灾。一般使用干粉、二氧化碳灭火器。

D类：可燃金属，如钾、钠等的火灾。应使用专用灭火剂。金属火灾灭火剂有两种类型：一是粉末型灭火剂；二是液体型灭火剂（如7150灭火剂）。

[知识学习]

俗话说水火不相容，但自然界就有这种物质，沾水就能着火，这是为什么？原来，遇水着火的物质与水接触时能起化学反应，并产生可燃气体和热量而引起燃烧。属于这类物质的有以下几种：

（1）碱金属和碱土金属。例如锂、钠、钾、钙、锶、镁等，它们与水反应生成大量的氢气，遇点火源就会燃烧爆炸。

（2）氢化物。例如氢化钠与水接触能放出氢气并产生热量，能使氢气自燃。

（3）碳化物。例如碳化钙、碳化钾、碳化钠等。碳化钙（电石）与水接触能生成乙炔，这种气体能燃烧或爆炸。

（4）磷化物。例如磷化钙、磷化锌等，它们与水作用生成磷化氢，而这种气体在空气中能够自燃。

遇到这类物质，我们可得小心。

49. 如何正确使用干粉灭火器？

干粉灭火器适用于扑救各种易燃、可燃液体和易燃、可燃气体火灾，以及电气设备火灾。

（1）用一只手握住压把，另一只手托着灭火器底部，取下灭火器。

（2）提着灭火器迅速赶到现场。

（3）除掉铅封，拔出保险销。

（4）在距离火焰2米的地方，右手用力压下压把，使干粉喷射出来，左手拿着喷管左右摆动，使干粉覆盖整个燃烧区。

50. 企业职工防火防爆应注意哪些事项?

（1）掌握一定的防火防爆知识，并严格贯彻执行防火防爆规章制度。禁止违章作业。

（2）应在指定的安全地点吸烟，严禁在工作现场和厂区内吸烟和乱扔烟头。

（3）使用、运输、储存易燃易爆气体、液体等物质时，一定要严格遵守安全操作规程。

（4）在工作现场禁止随便动用明火。确需使用时，必须报请主管部门批准，并做好安全防范工作。

（5）对于使用的电气设施，如发现绝缘破损、老化不堪、超负荷以及不符合防火防爆要求时，应停止使用，并报告领导加以解决。不得带故障运行，防止发生火灾、爆炸事故。

（6）应学会使用一般的灭火工具和器材。对于车间内配备的防火防爆工具、器材等，应该爱护，不得随便挪用。

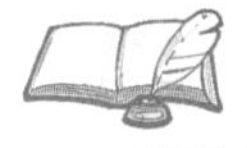

[专家提示]

消防器材维护与保养注意事项：

（1）消防器材应有专人负责管理和保养。

（2）消防器材要专物专用，不能用于与消防无关的方面。

（3）要定期检查保养消防器材。检查存放地点是否适当，机件是否损坏或出现故障，灭火药剂是否过期等。消防器材使用后，要立即保养、补充。对机动消防车，要经常发动、定期试车，保持性能良好。

（4）消防器材应设置在明显的地方，设立标志，便于取用。消防器材的附近不能堆放杂物，保持道路畅通。

51. 使用易燃物品有哪些安全要求？

（1）在制造、使用易燃物品的建筑物内，电气设备应为防爆型的。电气装置、电热设备、电线、保险装置等都必须符合防火要求。

（2）易燃物品的存放量不得超过一昼夜的用量，不得放在过道上，不得靠近热源及受日光暴晒。

（3）制造和使用易燃液体、可燃气体时，禁止使用明火蒸馏或加热，应使用水浴、油浴或蒸汽浴。使用油浴时，不得用玻璃器皿作浴锅；操作中应经常测量油浴的温度，不得让油温接近闪点。

（4）各种易燃、可燃气体、液体的管道，不得有跑、冒、滴、漏现象。检查漏气时严禁用明火试验。气体钢瓶不得放在热源附近，或在日光下暴晒，使用氧气时禁止与油脂接触。

（5）强氧化剂不得与可燃物质接触、混合。经易燃液体浸渍过的物品，不得放在烘箱内烘烤。

（6）易燃物品的残渣（如钠、白磷、二硫化碳等）不准倒入垃圾箱内和污水池、下水道内，应放置在密闭的容器内或妥善处理。沾有油脂的抹布、棉丝、纸张，应放在有盖的金属容器内，不得乱扔乱放，防止自燃。

（7）作业完毕后工作场所要收拾干净，关闭可燃气体、液体的阀门，清查危险物品并封存好，清洗用过的容器，断绝电源，关好门

窗，经详细检查确保安全时，方可离去。

（8）制造、使用易燃物品的车间，耐火程度要高，出入口一般不得少于两个，门窗向外开。在建筑物内外适宜的地方放置灭火工具，如四氯化碳、二氧化碳、干粉灭火器和沙箱等。

52. 爆炸品仓库的安全制度有哪些内容？

（1）“五双”制度。“五双”即双人保管、双把锁（匙）、双本账、双人发货、双人领用。爆炸物品的发放一定要按规定执行。

（2）出入库登记制度。无论何人进出库区都须详细登记。

（3）安全检查制度。检查有分工，职责明确，记录详细，及时整改。

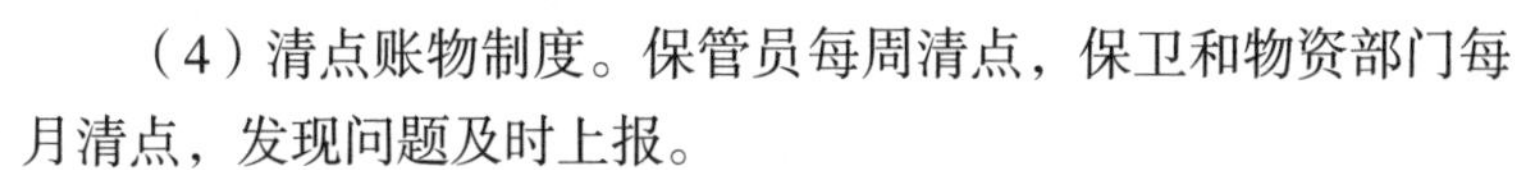

（4）清点账物制度。保管员每周清点，保卫和物资部门每月清点，发现问题及时上报。

（5）禁止烟火制度。进库人员必须交出火种。机动车入库，排气管必须装有火星熄灭器。禁止拖拉机进入库区。

（6）安全操作制度。搬运装卸及堆装爆炸物品必须轻装轻卸、轻拿轻放，严禁摔掼撞击，开箱应使用不会产生火花的工具，并应在专门的发放时间内进行。

53. 危险化学品有哪几类？

常用危险化学品按照危险特性分为八类：爆炸品、压缩气体和液化气体、易燃液体、易燃固体和自燃物品及遇湿易燃物品、氧化剂和有机过氧化物、有毒品、放射性物品、腐蚀品。危险化学品一旦处置不当极易导致爆炸、火灾、中毒、污染、氧化腐蚀等安全事故，对人体、物品及环境造成危害或破坏。

常见的危险化学品有液化石油气、天然气、汽油、苯、硫化氢、农药、酒精、液氯等。

［专家提示］

每一位危险化学品企业的从业人员，都要学会正确识别危险化学品标识。例如：

爆炸品标志

易燃气体标志

有毒气体标志

54. 危险化学品对人体会有哪些伤害？现场急救的原则是什么？

危险化学品对人体可能造成的伤害有中毒、窒息、冻伤、化学灼伤、烧伤等。急性中毒在现场如抢救不及时或处置不恰当都会引起死亡。现场急救的基本原则是：先救人后救物，先救命后疗伤。

当有人受到危险化

学品伤害时，应立即进行以下处理：

（1）呼吸困难时给氧；呼吸停止时立即进行人工呼吸；心脏骤停，立即进行心脏按压。

（2）皮肤污染时，脱去污染的衣服，用流动清水冲洗，冲洗要及时、彻底、反复多次；头面部灼伤时，要注意眼、耳、鼻、口腔的清洗。

（3）误服危险化学品者，可根据物料性质，对症处理。

（4）经现场处理后，迅速护送到医院进一步救治。

［专家提示］

一旦误食有毒化学品，应立即设法催吐。若误食的有毒化学品为酸性，则可服用大量牛奶和水，促使其呕吐；若误食的有毒化学品为碱性，则可服用大量牛奶、水和醋。紧急处置后及时送医院治疗。

55. 运装危险化学品应遵守哪些安全规定?

运输危险化学品的驾驶员、装卸人员和押运人员必须了解所运载的危险化学品的性质、危险特性，了解发生意外时的应急措施，配备必要的应急处理器材和防护用品，并应遵守相关规定：

（1）运输危险化学品的车辆应专车专用，并有明显标志。

（2）运装危险化学品要轻拿轻放，防止撞击、拖拉和倾倒。

（3）碰撞、相互接触容易引起燃烧、爆炸和造成其他危害的危险化学品，以及化学性质或防护、灭火方法相互抵触的危险化学品，不得违反配装限制，不得混合装运。

（4）遇热、遇潮容易引起燃烧、爆炸或产生有毒气体的危险化学品，在装运时应当采取隔热、防潮措施。

（5）装运危险化学品时不得人货混载。禁止无关人员搭乘装运危险化学品的车辆。装运危险化学品的车辆通过市区时，应当遵守所在地公安机关规定的行车时间和路线，中途不得随意停车。

［血的教训］

某日上午，在湖南溆浦大江口的一条公路上，一辆载着2吨多黄磷的汽车起火了。企业专职消防队员闻讯赶来，他们在高压水枪的掩护下，冲上车厢，奋力掀开着火的黄磷桶，结果，接二连三的爆炸发生了。炸飞起来的黄磷猛烈地燃烧。4名消防队员当场牺牲。

在这起事故中，危险化学品的管理、运输以及消防抢救都存在着严重的问题。当时，这辆运载危险化学品的车上根本没有押车员，而司机没有一点儿运输危险化学品的安全知识。消防队员在扑救黄磷火灾时，本应关闭车厢门，往车厢里灌水，让着火的黄磷重新浸泡在水中；但是，消防队员却采用了打开车厢门和黄磷桶的错误做法，再加上人员近距离接触着火的黄磷桶，因而造成抢救人员的重大伤亡。

56. 对危险化学品火灾有哪些紧急处置措施？

危险化学品容易发生火灾、爆炸事故，不同性质的危险

化学品在不同的情况下发生火灾时，其扑救方法差异很大，若处置不当，不仅不能有效地扑灭火灾，反而会使险情进一步扩大，造成不应有的人员、财产损失。由于危险化学品本身及其燃烧产物大多具有较强的毒害性和腐蚀性，极易造成人员中毒、灼伤等伤亡事故，因此扑救危险化学品火灾是一项极其重要又非常艰巨和危险的工作。

危险化学品火灾发生后，首先要弄清着火物质的性质，然后正确地实施扑救。危险化学品火灾紧急处置措施有：

（1）扑救人员应站在上风或侧风位置，以免遭受有毒有害气体的侵害。

（2）应有针对性地采取自我防护措施，如佩戴防护面具、穿戴专用防护服等。

（3）扑救可燃和助燃气体火灾时，要先关闭管道阀门，用水冷却其容器、管道，用干粉灭火器或沙土扑灭火焰。

（4）扑救易燃和可燃液体火灾，可用泡沫、干粉、二氧化碳灭火器扑灭火焰，同时用水冷却容器四周，防止容器膨胀爆炸。但醇、醚、酮等溶于水的易燃液体火灾，应该用抗溶性泡沫灭火剂扑救。

（5）扑救易燃和可燃固体火灾，可用泡沫、干粉、二氧化碳灭火器或沙土、雾状水灭火。

［专家提示］

当人体沾上油火时，如果身上的衣服能撕脱下来，应尽可能迅速撕脱；当衣服来不及脱时，可就地打滚把火压灭。但要注意，沾上油火的人不能由于惊慌失措或急于找人解救而拔腿就跑，人一跑，着火的衣服得到充足的新鲜空气，火势就会更加猛烈地燃烧起来，同时成为“流动”的火源，造成火势扩散。另外要注意的就是，尽量避免用灭火器直接向人身体上喷射，以免对人体造成伤害。

57. 危险化学品储存的安全要求是什么？

（1）危险化学品应当储存在专门地点，不得与其他物资混合储存。

（2）危险化学品应该分类、分堆储存，堆垛不得过高、过密，堆垛之间以及堆垛与墙壁之间应该留出一定的间距、通道及通风口。

（3）互相接触容易引起燃烧、爆炸的物品及灭火方法不同的物品，应该隔离储存。

（4）遇水容易发生燃烧、爆炸的危险化学品，不得存放在潮湿或容易积水的地点。受阳光照射容易发生燃烧、爆炸的危险化学品，不得存放在露天或者高温的地方，必要时还应该采取降温和隔热措施。

（5）容器、包装要

完整无损，如发现破损、渗漏，必须立即进行安全处理。

（6）性质不稳定、容易分解和变质，以及混有杂质而容易引起燃烧、爆炸的危险化学品，应该按规定进行检查、测温、化验，防止自燃及爆炸。

（7）不准在储存危险化学品的库房内或露天堆垛附近进行实验、分装、打包、焊接和其他可能引起火灾的操作。

（8）库房内不得住人。工作结束时，应进行防火检查，切断电源。

［专家提示］

在危险化学品储存区动火应遵守以下原则：

（1）动火应严格执行安全用火管理制度，做到“三不动火”，即没有批准火票不动火，安全监护人不在场不动火，防火措施不落实不动火。

（2）在正常生产装置内，凡是可动可不动火的一律不动；凡能拆下来的一律拆下来，移到安全区域动火；节假日不影响正常生产的用火，一律禁止。

（3）凡在生产、储存、输送可燃物料的设备、容器、管道上动火，应首先切断物料来源，加好盲板，经彻底吹扫、清洗、置换后，打开人孔，通风换气，并经分析合格后，才可动火。

（4）用火审批人必须亲临现场，落实防火措施后，方可签火票。一张火票只限“一处”“一次”有效。

（5）动火人和安全监护人在接到动火证后，应逐项检查防火措施落实情况。防火措施不落实或防火监护员不在场，动火人有权拒绝动火。

58. 对起重作业的安全规定有哪些?

（1）司机接班时，应对制动器、吊钩、钢丝绳和安全装置进行检查。发现性能不正常时，应在操作前排除。

（2）开车前，必须鸣铃或示警。操作中接近人时，亦应给予断续铃声或警报。

（3）操作应按指挥信号进行。对紧急停车信号，不论何人发出，都应立即执行。

（4）当起重机上或其周围确认无人时，才可以闭合主电源。当电源电路装置上加锁或有标志牌时，应由有关人员解除后才可闭合主电源。

（5）闭合主电源前，应将所有的控制器手柄置于零位。

（6）工作中突然断电时，应将所有的控制器手柄扳回零位。在重新工作前，应检查设备装置是否正常。

（7）在轨道上露天作业的起重机，当工作结束时，应将起重机锚定住；当风力大于6级时，一般应停止工作，并将起重机锚定住；对于在沿海工作的起重机，当风力大于7级时，应停止工作，并将起重机锚定住。

（8）司机进行维护保养时，应切断主电源并挂上标志牌或加锁。如存在未消除的故障，应通知接班司机。

［专家提示］

（1）起重工应经专业培训，并经考试合格持有特种作业操作资格证书，方能进行起重操作。

（2）工作前必须戴好安全帽，对投入作业的机械设备必须严格检查，确保完好可靠。

（3）现场指挥信号要统一、明确，坚决反对违章指挥。

（4）在起重物件就位固定前，起重工不得离开工作岗位。不准在索具受力或被吊物悬空的情况下中断工作。

［血的教训］

某日，某钢铁公司铸钢车间一名电焊工在小料槽内进行焊补作业时，起重机司机和指挥起吊人员在没有确认电焊工是否离开危险区的情况下，就盲目起吊大料槽。结果，该电焊工被旁边吊起的大料槽撞伤头部，经抢救无效死亡。

59. 起重搬运作业要注意哪些安全事项？

（1）起重搬运工在作业前应认真检查工具是否完好可靠，不准超负荷作业。

（2）作业时应做到轻装轻卸，堆放平稳，捆扎牢固。

（3）用机动车装运货物时，不得超载、超高、超长、超宽。如有特殊情况，必须超高、超长、超宽装运

时，要经过相关部门的批准，并采取可靠的措施和设置明显标志。车辆行驶时，物件和栏板之间不准站人。

（4）使用卷扬机、钢管滚动滑移货物时，要有专人指挥，卸车或下坡应加保险绳，货物前后和牵引钢丝绳旁不准站人。

（5）装运易燃、爆炸性危险货物时，严禁烟火，并必须轻搬轻放，严禁与其他物品混装。车厢内不准坐人，不准在车厢顶上或车底下休息。

（6）装卸、搬运粉状物料及有毒物品时，应佩戴必要的防护用品。

[知识学习]

起重机司机“十不吊”：“十不吊”是指起重机司机在工作中遇到以下十种情况时不能进行起吊作业：

（1）超载或起吊物重量不清。

（2）指挥信号不清或多人指挥。

（3）捆绑、吊挂不牢或不平衡可能引起吊物滑动。

（4）起吊物上有人或浮置物。

（5）起吊物结构或零部件有影响安全工作的缺陷或损伤。

（6）遇有拉力不清的埋置物件。

（7）工作场地光线暗淡，无法看清场地情况和指挥信号。

（8）重物棱角处与捆绑钢丝绳之间未加垫。

（9）歪拉斜吊重物。

（10）易燃易爆物品。

60. 对厂内车辆运输的安全要求是什么？

（1）车辆驾驶人员必须经有资质的培训单位培训并考试合格后方可持证上岗。

（2）车辆通过路口时，驾驶人员一定要先观望，在没有危险时才能通过。

（3）车辆的各种机械零件，必须符合技术规范和安全要求，严禁带故障运行。

（4）汽车在出入厂区大门时的时速不得超过每小时5千米；在厂区道路上行驶，时速不能超过每小时20千米。

（5）装运货物，不得超载、超高。

（6）装载货物的车辆，随车人员应坐在指定的安全位置，不得站在车门踏板上，也不得坐在车厢侧板上或驾驶室顶上。

（7）电瓶车在进入厂房内，装载易燃易爆、有毒有害物品时，严禁乘人。

（8）铲车在行驶时，无论是空载还是重载，其车铲距地面不得小于300毫米，但不得高于500毫米。

（9）严禁驾驶员酒后驾车、疲劳驾车、争道抢行等违章行为。

[知识学习]

驾车“十不准”是：不准超载，不准抢挡，不准超速行驶，不准酒后驾驶，开车时不准吃东西，开车时不准与他人谈话，人货不准混载，视线不清不准倒车，不准非驾驶人员开车，行驶中不准跳上跳下。

61. 高处作业人员要注意什么？

（1）高处坠落事故在建筑施工中经常发生。要避免此类事

故，必须配齐安全帽、安全带和安全网，它们被称为是建筑施工的“三宝”。

（2）高处作业人员，一般每年需要进行一次体格检查。患有心脏病、高血压、精神病、癫痫病的人，不可从事这类作业。

（3）高处作业人员的衣着要符合规定，不可赤膊裸身。脚下要穿软底防滑鞋，决不能穿拖鞋、硬底鞋和带钉易滑的靴鞋。操作时要严格遵守各项安全操作规程和劳动纪律。

（4）攀登和悬空作业（如架子工、结构安装工等）人员危险性都比较大，因而对此类人员应该进行培训和考试，取得合格证后再持证上岗。

（5）高处作业中所用的物料应该堆放平稳，不可放置在临边或洞口附近，也不可妨碍通行和装卸。

［知识学习］

施工现场中工作面边缘无围护设施或围护设施高度低于80厘米时的作业称为临边作业。建筑施工现场，由于工序的搭接，常出现临边作业。“五临边”是指以下内容：

（1）基坑周边。

（2）尚未安装栏杆的阳台、料台、挑平台周边。

（3）雨篷与挑檐边。

（4）无脚手架的屋面与楼层周边。

（5）水箱与水塔周边。

62. 拆除作业要遵守哪些安全要求?

（1）在拆除前，应查明建筑物的结构和材料特点。禁止立体交叉作业。

（2）拆除整体的框架式钢筋混凝土建筑物，要注意钢筋特别是主筋的种类、位置与数目，以便正确地确定隔离缝。

（3）拆除框架式建筑时，需采取措施防止预应力混凝土构件的突然起拱造成拆除物失控或者丧失平衡而倒塌。

（4）采用拉倒法拆除时，要保证钢丝绳的设置位置与预定的倒塌方向相一致，并设置危险区域和警戒岗哨。

（5）拆除屋面板时，要对屋面板的承载能力进行检查。

（6）拆除建筑物的楼板时，应事先查清楼板中主筋的分布情况。

（7）对于采用定向爆破法或垂直塌落爆破法的拆除作业，凡在爆破范围内能影响倒塌方向的设施，如避雷针、爬梯、台阶等，都应事先拆除。

（8）手工拆除钢制烟囱时，要按规程搭设脚手架。

（9）工业管道的拆除，首先要根据原始资料和管道标志确定管道种类，管道内液体或气体介质的名称、性质和化学成分，然后制订拆卸方案。

（10）含可燃性气体介质的管道，如煤气、天然气等，应先卸压，用压缩空气和蒸汽吹扫，进行仪表检测，确认其不会发生爆炸或燃烧危险后，方能进行拆

除作业。

63. 怎样预防坍塌事故?

坍塌事故因塌落物自重大、作用范围大，往往伤害人员多、后果严重，常造成重大或特大人身伤亡事故。

（1）预防土方坍塌事故要注意：挖土方时，发现边坡附近土体出现裂纹、掉土及塌方险情时，应立即停止作业，下方人员要迅速撤离危险地段，查明原因后，再决定是否继续作业。

（2）预防脚手架坍塌事故要注意以下几点：

1）加强对脚手架的日常检查维护，重点检查架体基础变化、各种支撑及结构连接的受力情况；

2）当脚手架的前部基础沉陷或施工需要掏空时，应根据具体情况采取加固措施；

3）当隐患危及架体稳定时，应立即停止使用，并制定针对性措施，限期加固处理；

4）在支搭与拆除作业过程中要严格按规定和工作程序进行。

[血的教训]

2002年12月29日，在上海某建筑安装工程有限公司承建的某旧区改造工程的工地上，正在进行基础工程的挖土施工作业。其中6号房位于施工现场道路的东侧。基础开挖后为防止基坑边坡塌方，瓦工班长邱某安排瓦工张某等砌筑边坡挡土墙。

12月29日晚8时30分左右，正在6号房基坑西北角砌筑挡土墙的张某被突然坍塌下来的土体压住。事故发生后，现场立即组织人员将其救出，并随即送往医院紧急救治，但因张某脑部受伤过重，经抢救无效死亡。造成这起事故的主要原因是：工人自我保护意识不强，施工现场安全管理不严，施工前安全技术交底不够，以及施工现场照明不足。

64. 如何预防物体打击事故?

物体打击伤害往往表现在飞出或弹出的物体如工具、工件、零件等对人员造成的伤害。物体打击事故多表现为：

（1）在高处作业中，由于工具、零件、砖瓦、木块等物体从高处掉落伤人。

（2）乱扔废物、杂物伤人。

（3）起重吊装、拆装、拆模时，物料掉落伤人。

（4）设备带病运行，设备中的物体飞出伤人。

（5）设备运转中，用铁棍捅卡料，导致铁棍弹出伤人。

（6）压力容器爆炸的飞出物伤人。

（7）放炮作业中的乱石伤人等。

对此，除牢固树立不伤害他人和自我保护的安全意识外，还要做到：

（1）高处作业时，禁止乱扔物料，清理楼内的物料应设溜槽或使用垃圾桶。手持工具和零星物料应随手放在工具袋内，安装、更换玻璃要有防止玻璃坠落的

DIERZHANG ANQUANZUOYE

措施，严禁乱扔碎玻璃。

（2）吊运大件要使用有防止脱钩装置的吊钩和卡环，吊运小件要使用吊笼或吊斗，吊运长件要绑牢。

（3）高处作业时，对斜道、过桥、跳板要明确专人负责维修、清理，不得存放杂物。

（4）严禁操作带“病”设备。

（5）排除设备故障或清理卡料前，必须停机。

（6）放炮作业前，人员要隐蔽在安全可靠处，无关人员严禁进入作业区。

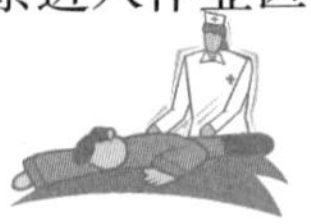

［血的教训］

2002年8月24日上午，上海某建筑工地承包单位外墙粉刷班为图操作方便，经班长同意后，拆除了机房东侧外脚手架顶排朝下第四步围挡密封网，搭设了操作平台。10时50分左右，粉刷工张某在取用粉刷材料时，觉得小平台上料口空当过大，就拿来一块木板，准备放在空当处。在放置时，因木板后段连着一段铁丝钩住脚手架，张某用力过大不小心失手，木板从15米的高处坠落，击中正从地面走过的民工杨某的头部。杨某经抢救无效死亡。

65. 入井安全注意事项有哪些？

（1）煤矿是高危行业，入井前要吃好、睡好、休息好，千万不能喝酒，以保持充沛精力。

（2）明火和静电可导致瓦斯爆炸及火灾，不能穿化纤衣服和携带香烟及点火物品下井。

（3）入井前要随身佩戴矿灯、安全帽，携带自救器，配备不齐或设备不完好不能入井工作。

（4）携带锋利工具时，要套好护套，防止伤人。

（5）通过班前会可了解工作地点的安全生产情况，明确安全注意事项，掌握防范措施，保证作业安全，因此要按时参加班前会。

（6）自觉遵守入井检身制度，听从指挥，排队入井，接受检身。

［血的教训］

2010年11月4日，某煤矿发生瓦斯爆炸，7名矿工遇难。事故原因调查过程中，专家在爆炸现场发现了打火机和烟头，由此断定，矿难系工人井下违规吸烟引发，属于责任事故，责任人已经在事故中死亡。

66. 在井下如何安全乘车与行走?

（1）上下井乘罐、乘车、乘输送皮带要听从指挥，不能嬉戏打闹、抢上抢下。

（2）要按照定员乘罐、乘车，并关好罐笼门、车门，挂好防护链。不能在机车上或两车厢之间搭乘。

（3）人货混载十分危险，不要乘坐已装物料的罐笼、矿车。

（4）开车信号已发出或罐笼、人车没有停稳时，严禁上下。

（5）运送火工品时，要听从管理人员安排，火工品千万不

能与上下班人员同罐、同车。

（6）乘罐、乘车、乘输送皮带行驶途中，不能在罐内、车内躺卧和打瞌睡，不能将头、手脚和携带的工具伸到罐笼和车辆外面；不能在输送皮带上仰卧、打瞌睡和站立、行走，不能用手扶输送皮带侧帮。

（7）乘坐“猴车”（无级绳绞车）时，不触摸绳轮，做到稳上稳下。

［专家提示］

（1）在巷道中行走时，要走人行道，不得在轨道中间行走，不随意横穿电机车轨道、绞车道。携带长件工具时，要注意避免碰伤他人和触及架空线，当车辆接近时要立即进入躲避硐室暂避。

（2）在横穿大巷，通过弯道、交叉口时，要做到“一停、二看、三通过”；任何人都不能从立井和斜井的井底穿过；在人、车兼用的斜巷内行走时，按照“行人不行车，行车不行人”的规定，人不得与车辆同行。

（3）钉有栅栏和挂有危险警告牌的地点十分危险，不能擅自进入；爆破作业经常伤人，不可强行通过爆破警戒线或进入爆破警戒区。

（4）严禁扒车、跳车和乘坐矿车，严禁在刮板输送机上行走；在带式输送机巷道中，不能钻过或跨越输送带。

［血的教训］

2006年12月1日11时20分，某煤业有限公司一号井发生一起运输事故，死亡1人。事故经过如下：当日8时40分，工人李某在十三路车场负责放车挂链。11时20分，由于违章操作，导致矿车跑车。矿车跑到十三路半交叉点时把正从该处出来的803掘进队队长龙某当场撞死。

67. 如何预防瓦斯和煤尘爆炸事故？

（1）要爱护监测监控设备。不能擅自调高监测探头的报警值，不能破坏瓦斯监测探头或用泥巴、煤粉及其他物品将瓦斯监测探头封堵上。

（2）要自觉爱护井下通风设施。通过风门时，要立即随手关好，不能将两道风门同时打开，以免造成风流短路。发现通风设施破损、工作不正常或风量不足时，要及时报告，修复处理。

（3）局部通风机应由专人负责管理，其他人不可随意停开。

（4）当采区回风巷、采掘工作面回风巷风流中的瓦斯浓度超过1%或二氧化碳超过1.5%时，必须停止作业，从超限区域撤出。当采掘工作面及其他作业地点风流中、电动机或其开关安设地点附近20米以内风流中的瓦斯浓度达到1.5%时，必须停止作业，从超限区域撤出。

（5）井下不能随意拆开、敲打、撞击矿灯，不准带电检修、搬迁电气设备，更不能使用明刀闸开关。

（6）井下禁止吸烟和使用火柴、打火机等点火物品。

（7）爆破作业必须严格执行“一炮三检”制度（装药前、

放炮前、放炮后检查瓦斯浓度），爆破地点附近20米以内风流中的瓦斯浓度达到1%时，严禁装药、爆破；井下爆破作业必须使用专用发爆器，严禁使用明火、明刀闸开关、明插座爆破；炮眼必须按规定封足炮泥，使用水炮泥，严禁使用煤粉或其他易燃物品封堵炮眼，无封泥或封泥不足时严禁爆破。

（8）观察到有煤与瓦斯突出的征兆时，要立即停止作业，从作业地点撤出，并报告有关部门。

（9）要认真实施煤层注水、湿式打眼、使用水炮泥、喷雾洒水、冲洗巷帮等综合防尘措施。在井下工作时要爱护防尘设备设施，不可随意拆卸、损坏。

［知识学习］

事故无声征兆：工作面顶板压力增大，煤壁被挤出、片帮掉渣、顶板下沉或底板鼓起，煤层层理紊乱、煤暗淡无光泽、煤质变软、煤壁发亮，工作面风流中的瓦斯浓度忽大忽小，打钻时有顶钻、卡钻、喷瓦斯等现象。

事故有声征兆：煤层发出劈裂声、闷雷声、机枪声、响煤炮，声音由远到近、由小到大，有短暂的、有连续的，间隔时间长短不一；煤壁发生震动或冲击，顶板来压，支架发出折裂声。

[血的教训]

2003年8月14日6时，某煤业集团某矿井调度与通风队调度联系排放二区K7210准备工作面切眼瓦斯，并由通风队队长安排了8点班排放瓦斯。但调度人员在联系排放瓦斯后没有通知其他队组，准备队仍然安排3人在回风巷接127伏信号线，掘进队安排9人在13横贯处清浮煤，补打锚索锚杆。此外，还有生产科1名技术人员跟班现场协调，矿安监处1名安监工督察13横贯丁字口补打锚杆工作。结果，就在通风队排放瓦斯过程中，准备队电工在回风巷违章带电倒接127 伏信号线引起火花，造成瓦斯爆炸事故，导致28人死亡。

68. 顶板事故的预防措施是什么?

（1）顶板事故是最常见、最容易发生的事故，要注意防范。当出现以下一种或几种征兆时，要及时采取措施防范：顶板、支架发出响声，顶板掉渣，煤壁片帮，顶板出现裂缝，顶板脱层，直接顶漏顶等。

（2）顶板是否会发生冒落，可采用以下方法进行观察：

一是敲帮问顶。即用钢钎或手镐敲击顶板，声音清脆响亮的，表明顶板完好；发出“空空”或“嗡嗡”声的，或感到顶板震动的，表明已有顶板岩石离层，有冒落的危险，应采取措施防范或把脱离的岩块挑下来。

二是打木楔。即在

顶板裂缝中打入一小木楔，过一段时间如果发现木楔松动或脱落，说明裂缝在扩大，顶板有冒落的危险，应采取措施进行处理。

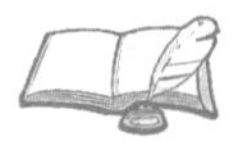

[专家提示]

在进行事故救援时，如果遇险人员靠近放顶区，可沿放顶区由外向里掏洞；分层开采时底板是煤层，遇险人员在金属网或荆条假顶下面时，可沿底板煤层边支护边掏洞；如果工作面上下出口同时冒落，把人员堵在中间，也可沿煤层重开切眼以达到救人的目的。

[血的教训]

2006年11月12日22时10分，某煤矿发生一起顶板事故，死亡1人。事故经过是：202区采煤工作面开切眼掘进中因支护强度不够，发生冒顶推垮4米，1名作业人员被埋压致死。

69. 井下火灾事故的预防措施是什么?

井下火灾后果十分严重，会造成重大人员伤亡和财产损失，还会引发瓦斯、煤尘爆炸，导致灾害进一步扩大。因此，矿井火灾的防范极其重要：

（1）不能在井下用灯泡取暖和使用电炉、明火。

（2）在没有得到批准的情况下，不得从事电、气焊作业。

（3）不能将剩油、废油随意泼洒，也不能将用过的棉纱、布头和纸张等易燃物品随意丢弃。

（4）主动学会使用灭火器具，掌握灭火知识。

火灾发生初期是灭火的最好时机，在发生火灾时，若火势不大，可直接组织身边人员灭火；若火灾范围大或火势太猛，现场人员无力抢救且自身安全受到威胁时，应迅速戴好自救器，听从指挥撤离灾区。

70. 井下水灾事故的预防措施是什么？

（1）矿井水灾事故是煤矿五大自然灾害之一，会造成人员的重大伤亡。当观察到以下一种或几种征兆时，必须停止作业，判明情况，立即向领导或调度室报告，并从受水害威胁的区域撤出：工作面变得潮湿，顶板滴水、淋水，岩石膨胀，底鼓，矿压增大，片帮冒顶，支架变形，有水叫声，煤层挂汗、挂红，工作面有害气体增加且有时带有臭鸡蛋味等。

（2）探水作业经常会发生意外，进行探水作业时，要预先开好躲避硐室，加强支护，规定好联络信号和避灾路线，并经常检查瓦斯。当钻进中遇到异常情况时，不要轻易移动或拔出钻杆、擅自放水，要及时向领导或调度室报告，情况危急时，要立即撤出。

71. 井下发生事故时应如何紧急避灾?

（1）有效的自救和互救可减少事故伤亡，挽救自己和他人的生命，因而要主动学习和掌握矿井灾害预防知识和自救、互救知识，熟悉井下避灾路线。

（2）发生事故后，及时报警可增加获救的机会，赢得抢救的时间。在事故发生后要充分利用附近的电话或派出人员迅速将事故情况向领导或调度室汇报。

（3）避灾过程中，要保持镇静，沉着应对，不要惊慌，不要乱喊乱跑；要遵守纪律，听从指挥，决不可单独行动。

（4）紧急避灾撤离事故现场时，要迎着风流，向进风井口撤离，并在沿途留下标记。

（5）无法安全撤离灾区时，要迅速进入预先构筑的躲避硐室或其他安全地点暂避，在硐室外留下明显标记，并不时敲打轨道或铁管以发出求救信号。撤离路线被封堵时，不要冒险闯过火区或泅过被水封堵的通道。

（6）抢救窒息或心跳、呼吸骤停的伤员时，要先复苏，后搬运；抢救出血的伤员时，要先止血，后搬运；抢救骨折的伤员时，要先固定，后搬运。

（7）正确避灾，可避免或减少人员伤亡。遇到瓦斯、煤尘爆炸事故时，要迅速背向空气震动的方向，脸朝下卧倒，并用湿毛巾捂住口鼻，以防吸入大量有毒气体；与此同时，要迅速戴好自救器，选择顶板坚固、有水或离水较近的地方躲避。

［专家提示］

遇到火灾事故时，要首先判明灾情和自己的实际处境，能灭（火）则灭，不能灭（火）则迅速撤离或躲避，开展自救或等待救援。

遇到水灾事故时，要尽量避开突水水头，难以避开时，要紧抓身边的牢固物体并深吸一口气，待水头过去后再开展自救和互救。

遇到煤与瓦斯突出事故时，要迅速戴好隔离式自救器或进入压风自救装置或进入躲避硐室。

第三章　职业健康

72. 什么是职业病？我国法定的职业病种类有哪些？

职业病是指企业、事业单位和个体经济组织的劳动者在职业活动中，因接触粉尘、放射性物质和其他有毒、有害物质等因素而引起的疾病。各国法律都有对于职业病预防方面的规定，一般来说，凡是符合法律规定的疾病才能称为职业病。

2013年12月23日，国家卫生计生委、人力资源和社会保障部、国家安全监管总局、全国总工会等四部门联合印发《职业病分类和目录》（以下简称《分类和目录》）。该《分类和目录》将职业病分为10类132种，包括：

（1）职业性尘肺病及其他呼吸系统疾病（如矽肺、煤工尘肺等19种）；

（2）职业性皮肤病（如接触性皮炎、电光性皮炎等9种）；

（3）职业性眼病（如化学性眼部灼伤、白内障等3种）；

（4）职业性耳鼻喉口腔疾病（如噪声聋、铬鼻病等4种）；

（5）职业性化学中毒（如汞及其化合物中

毒、氯气中毒等60种）；

（6）物理因素所致职业病（如中暑、减压病等7种）；

（7）职业性放射性疾病（如外照射急性放射病、内照射放射病等11种）；

（8）职业性传染病（如炭疽、森林脑炎等5种）；

（9）职业性肿瘤（如石棉所致肺癌、苯所致白血病等11种）；

（10）其他职业病（如金属烟热、井下工人滑囊炎等3种）。

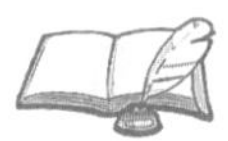

［法律提示］

《职业病防治法》经2001年10月27日九届全国人大常委会第24次会议通过；根据2011年12月31日十一届全国人大常委会第24次会议《关于修改〈中华人民共和国职业病防治法〉的决定》修正。《职业病防治法》分总则、前期预防、劳动过程中的防护与管理、职业病诊断与职业病病人保障、监督检查、法律责任、附则7章90条，自2011年12月31日起施行。

“第五十七条　用人单位应当保障职业病病人依法享受国家规定的职业病待遇。用人单位应当按照国家有关规定，安排职业病病人进行治疗、康复和定期检查。用人单位对不适宜继续从事原工作的职业病病人，应当调离原岗位，并妥善安置。用人单位对从事接触职业病危害的作业的劳动者，应当给予适当岗位津贴。

第五十八条　职业病病人的诊疗、康复费用，伤残以及丧失劳动能力的职业病病人的社会保障，按照国家有关工伤保险的规定执行。

第五十九条　职业病病人除依法享有工伤保险外，依照有

关民事法律，尚有获得赔偿的权利的，有权向用人单位提出赔偿要求。

第六十条　劳动者被诊断患有职业病，但用人单位没有依法参加工伤保险的，其医疗和生活保障由该用人单位承担。

第六十一条　职业病病人变动工作单位，其依法享有的待遇不变。用人单位在发生分立、合并、解散、破产等情形时，应当对从事接触职业病危害的作业的劳动者进行健康检查，并按照国家有关规定妥善安置职业病病人。

第六十二条　用人单位已经不存在或者无法确认劳动关系的职业病病人，可以向地方人民政府民政部门申请医疗救助和生活等方面的救助。地方各级人民政府应当根据本地区的实际情况，采取其他措施，使前款规定的职业病病人获得医疗救治。”

73. 从业人员在职业病防治方面享有哪些权利，应遵守哪些义务?

从业人员在职业病防治方面的主要权利有：

（1）从业人员有权要求用人单位依法为其办理工伤保险。

（2）从业人员有权要求用人单位为其提供符合国家职业卫生标准和卫生要求的工作环境和条件，提供符合职业病防治要求的个人防护用品，采取措施保障从业人员获得职业卫生保护。

（3）从业人员有权知晓工作过程中可能产生的职业病危害及其后果、职业病防护措施和待遇等。用人单位应在签订劳动合同或者工作岗位变更时如实告知从业人员，并在劳动合同中写明，不得隐瞒或者欺骗。用人单位违反规定的，从业人员有权拒绝从事存在职业病危害的作业，用人单位不得因此解除与其所订立的劳动合同。

（4）从业人员有权要求用人单位对其进行上岗前的职业卫生培训和在岗期间的定期职业卫生培训，普及职业卫生知识，指导正确使用职业病防护设备及个人用品。

（5）对从事接触职业病危害的从业人员，有权要求用人单位按规定组织其进行上岗前、在岗期间和离岗时的职业健康检查，并书面告知检查结果。职业健康检查费用由用人单位承担。用人单位不得安排未经上岗前职业健康检查的从业人员从事接触职业病危害的作业；不得安排有职业禁忌的从业人员从事其所禁忌的作业；对在职业健康检查中发现有与所从事的职业相关的健康损害的从业人员，应当调离原工作岗位，并妥善安置；对未进行离岗前职业健康检查的从业人员不得解除或者终止与其订立的劳动合同。

（6）从业人员有权要求用人单位为其建立职业健康监护档案，并按照规定的期限妥善保存。职业健康监护档案应当包括从业人员的职业史、职业病危害接触史、职业健康检查结果和职业病诊疗等有关个人健康资料。从业人员离开用人单位时，有权索取本人职业健康监护档案复印件，用人单位应当如实、无偿提供，并在所提供的复印件上签章。

（7）从业人员依法享受国家规定的职业病待遇。职业病病人的诊疗、康复费用，伤残以及丧失劳动能力的职业病病人的社会保障，按照国家有关工伤保险的规定执行。职业病病人除依法享有工伤保险外，依照有关民事法律，尚有获得赔偿的权利的，有权向用人单位提出赔偿要求。

从业人员在职业病防治方面的主要义务有：学习和掌握相关的职业卫生知识，增强职业病防范意识，遵守职业病防治法律、法规、规章和操作规程，正确使用、维护职业病防护设备

和个人使用的职业病防护用品，发现职业病危害事故隐患应当及时报告。

74. 职业性有害因素主要有哪些?

职业性有害因素是指与生产有关的劳动条件，包括生产过程、劳动过程和生产环境，对劳动者健康和劳动能力产生有害作用的职业因素。职业性有害因素按其性质可以分为以下几种：

（1）化学因素。

1）生产性毒物。主要包括铅、锰、铬、汞、有机氯农药、有机磷农药、一氧化碳、二氧化碳、硫化氢、甲烷、氨、氮氧化物等。接触或在这些毒物的环境中作业，可能引起多种职业中毒，如汞中毒、苯中毒等。

2）生产性粉尘。主要包括滑石粉尘、铅粉尘、木质粉尘、骨质粉尘、合成纤维粉尘。长期在这类生产性粉尘的环境中作业，可能引起各种尘肺，如石棉肺、煤肺、金属肺等。

（2）物理因素。

1）异常气候条件。主要是指生产场所的气温、湿度、气流及热辐射。在高温和强烈热辐射条件下作业，可能引发热射病、热痉挛、日射病等。

2）异常气压。高气压和低气压。潜水作业在高压下进行，可能引发减压病；高山和航空作业，可能引发高山病或航空病。

3）噪声和振动。强烈的噪声作用于听觉器官，可引起职业性耳聋等疾病；长期在强烈震动环境中作业，会引起震动病。

4）辐射线。辐射线是指在工作环境中存在的红外线、紫外线、X射线、无线电波，可能引发放射性疾病。

（3）生物因素。

如皮毛上的炭疽杆菌及森林脑炎病毒、布氏杆菌等。

（4）其他因素。

1）劳动组织和制度不合理。

2）劳动强度过大或生产定额不当。

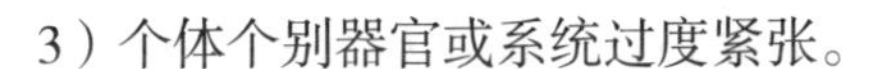

3）个体个别器官或系统过度紧张。

4）生产场所建筑设施不符合设计卫生标准要求。

5）缺乏适当的机械通风、人工照明等安全技术措施。

6）缺乏防尘、防毒、防暑降温、防寒保暖等设施，或设施不完善。

7）安全防护设备或防护器具有缺陷。

［想一想］

你的工作岗位存在哪些主要职业性有害因素？怎样做好预防？

75. 化工行业工伤预防工作重点关注的职业性危害有哪些？

化工产品种类繁多，与各行各业生产密切相关，是许多行业不可缺少的原料。化学工业生产过程还常常具有高温、高压、易燃、易爆及易腐蚀等特点，因此，化工行业的职业性危害主要表现为职业性中毒。

化学工业中的刺激性毒物常引起呼吸系统损害，严重时

可使人发生肺水肿；氰化物、砷、硫化氢、一氧化碳、醋酸胺、有机氟等易引起中毒性休克；砷、锑、钡、有机汞、三氯乙烷、四氯化碳等易引起中毒性心肌炎；黄磷、四氯化碳、

三硝基甲苯、三硝基氯苯等可引起肝损伤；重金属盐可造成中毒性肾损伤；窒息性气体、刺激性气体以及亲神经毒物均可引起中毒性脑水肿；苯的慢性中毒主要损害血液系统，表现为白细胞、血小板减少及贫血，严重时出现再生障碍性贫血；汞、铅、锰等可引起严重的中枢神经系统损害。

橡胶行业、石油行业、印染行业、油漆涂料行业还多发职业性肿瘤。

76. 矿山行业工伤预防工作重点关注的职业性危害有哪些?

矿山开采中主要的职业性有害因素有生产性粉尘、有害气体、不良气象条件、噪声和振动等。同时由于井下劳动强度大、作业姿势不良、采光照明不佳等，外伤等意外事故易发生。

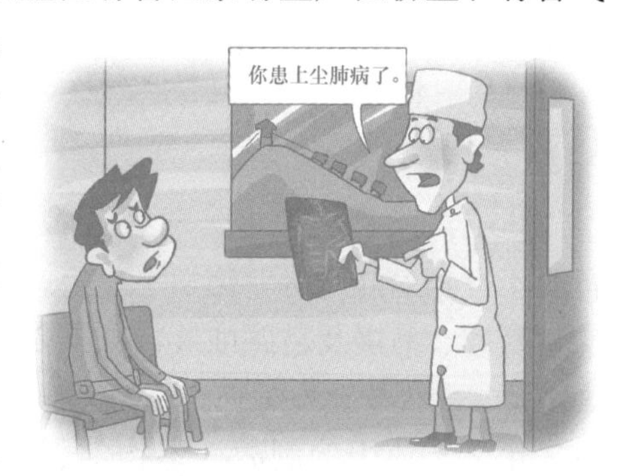

（1）生产性粉尘。生产性粉尘是矿山行业

中主要的有害因素，在矿山生产过程中，可产生大量的含硅量较高的粉尘。矿工患尘肺病的可能性较高。

（2）有害气体。在矿山生产过程中可能会接触到瓦斯、一氧化碳、二氧化碳、氮氧化物、硫化氢等有害气体，浓度过高时可使人中毒、窒息，甚至死亡。

（3）不良气象条件。矿山井下气象条件的特点是气温高、湿度大、温差大。因此，矿工易患感冒、上呼吸道炎症及风湿性疾病。

（4）其他危害因素。由风动工具、皮带运输机发出的噪声和振动，可引起职业性噪声聋和振动病。劳动强度大和不良工作体位易使矿工患腰腿痛、关节炎等。矿山开采中的片帮冒顶以及由运输和机械造成的事故常是矿工外伤发生的主要原因。

77. 冶金行业工伤预防工作重点关注的职业性危害有哪些?

冶金工业生产中主要的有害因素有高温、强辐射热、粉尘、一氧化碳和噪声等。

（1）高温和强辐射热。在冶金生产中，矿粉的加工烧结、炼焦、炼铁、炼钢、轧钢等环节都属高温作业，因此较易发生中暑。灼热的物体辐射出的大量红外线易引起职业性白内障。

（2）粉尘。在生产中，从井下开采、运输、破碎到选矿、混料、烧结等环节都有很高浓度的粉尘，长期接

触会导致尘肺，多为硅肺。

（3）一氧化碳。在煤气中一氧化碳含量为30%左右，故在接触煤气的岗位，如不注意防护，就可能发生一氧化碳中毒。

（4）其他。空压机、风机、轧钢机等发出的强噪声，易引起职业性噪声聋；由于接触火焰、钢水、钢渣、钢锭的机会较多，极容易发生烧灼伤；接触高温辐射的工人中，易发生火激红斑、色素沉着、毛囊炎及皮肤化脓等疾患；由于高温作用，肠道活动出现抑制反应，使消化不良和胃肠道疾患增多，高血压的发病率也比一般工人高。

78. 机械行业工伤预防工作重点关注的职业性危害有哪些?

机械制造行业的职业危害因素主要包括以下几个方面：

（1）生产性粉尘。主要粉尘作业是铸造。在型砂配制、制型、落砂、清砂等过程中，都可使粉尘飞扬，特别是用喷砂工艺修整铸件时，粉尘浓度很高，所用的石英危害较大。在机械加工过程中，对金属零件的磨光与抛光可产生金属和矿物性粉尘，可引起磨工尘肺。电焊时焊药、焊条芯及被焊接的材料，在高温下蒸发产生大量的电焊粉尘和有害气体，长期吸入较高浓度的电焊粉尘可引起电焊工尘肺。

（2）高温、热辐射。机械制造厂的高温和热辐射主要在铸造、锻造和热处理工种。铸造车间的熔炉、干燥炉、熔化的金属、热铸件、锻造及热处理车间的加热炉和炽热的金属部件都产生强烈的热辐射，形成高温环境，严重时会引发中暑。

（3）有害气体。熔炼炉和加热炉均可产生一氧化碳和二氧化碳，加料口处的浓度往往很高；用酚醛树脂等作黏合剂时产生甲醛和氨；黄铜熔炼时产生氧化锌烟，引起“铸造热”；

热处理时可产生有机溶剂蒸气，如苯、甲苯、甲醇等；电镀时可产生铬酸雾、镍酸雾、硫酸雾及氰化氢；电焊时可产生一氧化碳和氮氧化物；喷漆时可产生苯、甲苯及二甲苯蒸气。

（4）噪声、振动和紫外线。机械制造过程中，使用砂型捣固机、风动工具、锻锤、砂轮磨光、铆钉等，均可产生强烈的噪声；电焊、气焊、亚弧焊及等离子焊接产生的紫外线，如防护不当均可引起电光性眼炎。

（5）重体力劳动和外伤、烫伤。在机械化程度较差的企业，浇铸、落砂、手工锻造等都是较繁重的体力劳动，即使使用气锤或水压机，由于需要变换工件的位置和方向，体力劳动强度也很大；同时，要在高温下作业，故易引起体温调节和心血管系统功能的改变。铸造和锻造作业的外伤及烫伤率较高，多是由于铁水、钢水、铁屑、铁渣飞溅所致；机加工车间发生眼、手指外伤的较多。另外，金属切削过程中使用的冷却液对工人的皮肤也有一定的危害。

79. 生产性粉尘可对人体造成哪些危害?

生产性粉尘进入人体后，根据其性质、沉积的部位和数量的不同，可引起不同的病变。

（1）尘肺。长期吸入一定量的某些粉尘可引起尘肺，这是生产性粉尘引起的最严重的危害。

（2）粉尘沉着症。吸入某些金属粉尘，如铁、钡、锡等，达到一定量时，对人体会造成危害。

（3）有机粉尘可引起变态性病变。某些有机粉尘，如发霉的稻草、羽毛等可引起间质肺炎或外源性过敏性肺泡炎以及过敏性鼻炎、皮炎、湿疹或支气管哮喘。

（4）呼吸系统肿瘤。有些粉尘已被确定为致癌物，如放射性粉尘、石棉、镍、铬、砷等。

（5）局部作用。粉尘作用可使呼吸道黏膜受损。经常接触粉尘还可引起皮肤、耳、眼的疾病。粉尘堵塞皮脂腺，可使皮肤干燥，引起毛囊炎、脓皮病等。金属和磨料粉尘可引起角膜损伤，导致角膜浑浊。沥青在日光下可引起光感性皮炎。

（6）中毒作用。吸入的铅、砷、锰等有毒粉尘，能在支气管和肺泡壁上溶解后被吸收，引起中毒。

［知识学习］

在生产过程中，产生粉尘的作业很多，综合起来可以归纳为：

（1）粉状物料的生产、运输、成型、包装过程，如矿石的开采过程、矿石的破碎、筛选过程；矿石的运输过程；用压砖机对模具中粉状物料冲压成型的过程。

（2）固体物料的破碎过程。例如用球磨机磨碎物料、用粉碎机粉碎饲料等。

（3）金属物质的熔炼和焊接过程。例如铅的熔化过程、出钢过程、焊接过程等。

（4）物质燃烧和加热过程。例如物质燃烧后放出的烟尘等。

80. 粉尘综合治理的八字方针是什么?

综合防尘措施可概括为八个字，即“革、水、密、风、管、教、护、检”。

（1）“革”：工艺改革。以低粉尘、无粉尘物料代替高粉尘物料，以不产尘设备、低产尘设备代替高产尘设备，这是减少或消除粉尘污染的根本措施。

（2）“水”：湿式作业可以有效地防止粉尘飞扬。例如，矿山开采的湿式凿岩、铸造业的湿砂造型等。

（3）“密”：密闭尘源。使用密闭的生产设备或者将敞口设备改成密闭设备。这是防止和减少粉尘外逸，治理作业场所空气污染的重要措施。

（4）“风”：通风排尘。受生产条件限制，设备无法密闭或密闭后仍有粉尘外逸时，要采取通风措施，将产尘点的含尘气体直接抽走，确保作业场所空气中的粉尘浓度符合国家卫生标准。

（5）“管”：领导要重视防尘工作，防尘设施要改善，维护管理要加强，确保设备的良好、高效运行。

（6）“教”：加强防尘工作的宣传教育，普及防尘知识，使接尘

者对粉尘危害有充分的了解和认识。

（7）“护”：受生产条件限制，在粉尘无法控制或高浓度粉尘条件下作业，必须合理、正确地使用防尘口罩、防尘服等个人防护用品。

（8）“检”：定期对接尘人员进行体检；对从事特殊作业的人员应发放保健津贴；有作业禁忌证的人员，不得从事接尘作业。

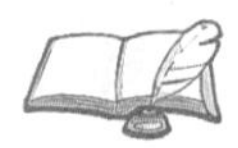

［专家提示］

有下列疾病者不宜从事粉尘作业：活动性结核病、严重的上呼吸道和支气管疾病、显著影响肺功能的肺或胸膜病变、严重的心血管疾病。

81. 生产性毒物可对人体造成哪些危害?

由于接触生产性毒物引起的中毒，称为职业中毒。生产性毒物可作用于人体的多个系统，表现在：

（1）神经系统。铅、锰中毒可损伤运动神经、感觉神经，引起周围神经炎。震颤常见于锰中毒或急性一氧化碳中毒后遗症。重症中毒时可发生脑水肿。

（2）呼吸系统。一次性大量吸入高浓度的有毒气体可引起窒息；长期吸入刺激性气体能引起慢性呼吸道炎症，可出现鼻炎、咽炎、支气管炎等上呼吸道炎症；长期吸入大量刺激性气体可引起严重的呼吸道病变，如化学性肺水肿和肺炎。

（3）血液系统。铅可引起低血色素贫血，苯及三硝基甲苯等毒物可抑制骨髓的造血功能，表现为白细胞和血小板减少，严重者发展为再生障碍性贫血。一氧化碳可与血液中的血红蛋白结合形成碳氧血红蛋白，使组织缺氧。

（4）消化系统。汞盐、砷等毒物大量经口进入时，可出现腹痛、恶心、呕吐与出血性肠胃炎。铅及铊中毒时，可出现剧烈的持续性的腹绞痛，并有口腔溃疡、牙龈肿胀、牙齿松动等症状。长期吸入酸雾，可使牙釉质破坏、脱落。四氯化碳、溴苯、三硝基甲苯等可引起急性或慢性肝病。

（5）泌尿系统。汞、铀、砷化氢、乙二醇等可引起中毒性肾病，如急性肾功能衰竭、肾病综合征和肾小管综合征等。

（6）其他。生产性毒物还可引起皮肤、眼睛、骨骼病变。许多化学物质可引起接触性皮炎、毛囊炎。接触铬、铍的工人皮肤易发生溃疡，如长期接触焦油、沥青、砷等可引起皮肤黑变病，甚至诱发皮肤癌。酸、碱等腐蚀性化学物质可引起刺激性眼结膜炎或角膜炎，严重者可引起化学性灼伤。溴甲烷、有机汞、甲醇等中毒，可造成视神经萎缩，以致失明。有些工业毒物还可诱发白内障。

[想一想]

你的岗位会接触到哪些生产性毒物？你知道这些生产性毒物对你会有什么危害吗？

82. 综合防毒措施包括哪些内容？

预防职业中毒必须采取综合性的防治措施：

（1）消除毒物。从生产工艺流程中消除有毒物质，用无

毒物或低毒物代替有毒物，改革能产生有害因素的工艺过程，改造技术设备，实现生产的密闭化、连续化、机械化和自动化，使作业人员脱离或减少直接接触有害物质的机会。

（2）密闭、隔离有害物质污染源，控制有害物质逸散。对逸散到作业场所的有害物质要采取通风措施，控制有害物质的飞扬、扩散。

（3）加强对有害物质的监测，控制有害物质的浓度，使其低于国家有关标准规定的最高容许浓度。

（4）加强对毒物及预防措施的宣传教育。建立健全安全生产责任制、卫生责任制和岗位责任制。

（5）加强个人防护。在存在毒物的作业场所作业，应使用防护服、防护面具、防毒面罩、防尘口罩等个人防护用品。

（6）提高机体免疫力。因地制宜地开展体育锻炼，注意休息，加强营养，做好季节性多发病的预防。

（7）接触毒物作业的人员要定期进行健康检查。必要时实行转岗、换岗作业。

83. 常见职业中毒会出现哪些典型症状？

（1）铅中毒：铅是常见的工业毒物。职业性铅中毒主要为慢性中毒。早期常感乏力、口内有金属味、肌肉关节酸痛等，随后可出现神经衰弱综合征、食欲不振、腹部隐痛、便秘等。病情加重时，出现四肢远端麻木，触觉、痛觉减退等神经炎表现，并有握力减退。少数患者在牙龈边缘有蓝色“铅线”。重者可出现肌肉活动障碍。腹绞痛是铅中毒的典型症状，多发生于脐周部，也可发生在上腹部或下腹部。每次发作可持续几分钟到几十分钟。另可出现中度贫血，有时伴发高血压。

（2）汞（水银）中毒：慢性汞中毒是职业性汞中毒中最常见的类型，在汞污染较重的作业环境中逐渐发病。初起常表现为神经衰弱综合征，头晕、头痛、乏力、睡眠障碍、记忆力减退、脱发等。随病情进展，可出现典型的“汞兴奋症”，情绪不稳、急躁、易兴奋、激动、恐惧、胆怯、害羞、好哭、注意力不集中。个别患者有焦虑不安、抑郁、幻觉、孤僻等表现。检查可见“汞性震颤”，严重者写字、吃饭、系扣等动作都发生困难。

（3）一氧化碳中毒：一氧化碳急性中毒的典型症状有头痛、头昏、四肢无力、恶心、呕吐，甚至昏迷，还可出现脑水肿、心肌损害、肺水肿等并发症。

（4）硫化氢中毒：硫化氢急性中毒的典型症状有明显的头痛、头晕，出现意识障碍；或有明显的黏膜刺激症状，出现咳嗽、胸闷、视物模糊、眼结膜水肿及角膜溃疡等，重症者可出现昏迷、肺水肿、呼吸循环衰竭或“电击样”死亡。

（5）苯中毒：急性苯中毒主要表现为中枢神经系统症状，轻者起初有黏膜刺激症状，随后出现兴奋或酒醉状态，并伴有头晕、恶心、呕吐等。重症可出现阵发性或强制性抽搐、脉搏

弱、呼吸浅表、血压下降、昏迷等，甚至发生呼吸衰竭而死亡。

慢性苯中毒最常表现为神经衰弱综合征，主要症状为头痛、头晕、记忆力减退、失眠等，有的出现植物神经功能紊乱现象，如心动过速或过缓，个别晚期病例可有四肢末端麻木和痛觉减退的现象。

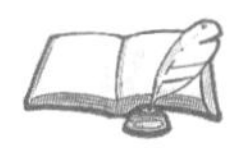

［专家提示］

职业中毒的诊断较为复杂，患者就医时应向医生充分说明职业史（如车间、工种、工龄及劳动现场可能接触到的职业危害因素等），这对医生作出准确的诊断尤为重要。

84. 生产性噪声可分为哪几种?

在生产过程中产生的一切声音都称为生产性噪声。生产性噪声按其声音的来源可大致分为以下几种：

（1）机械性噪声。由于机器转动、摩擦、撞击而产生的噪声。如各种车床、纺织机、凿岩机、轧钢机、球磨机等机械所发出的声音。

（2）空气动力性噪声。由于气体体积突然发生变化引起压力突变或气体中有涡流，引起气体分子扰动而产生的噪声。如鼓风机、通风机、空气压缩机、燃气轮机等发出的声音。

（3）电磁性噪声。由于电机中交变力相互作用而产生的噪声。如发电机、变压器、电动机所发出的声音。

［知识学习］

根据物理学的观点，各种不同频率不同强度的声音杂乱地无规律地组合，波形呈无规则变化的声音称为噪声，如机器的轰鸣等。从生理学的观点来看，凡是使人厌倦的、不需要的声音都是噪声。比如对于正在睡觉或学习和思考问题的人来说，即使是音乐，也会使人感到厌烦而成为噪声。

85. 噪声可对人体造成哪些危害?

噪声对人体的影响是全身性的、多方面的。噪声会妨碍正常的工作和休息。在噪声环境中工作，人容易感觉疲乏、烦躁，以及注意力不集中、反应迟钝、准确性降低等。噪声可直接影响作业能力和效率。由于噪声掩盖了作业场所的危险信号或警报，使人不易察觉，往往还可导致工伤事故的发生。

长期接触强烈噪声会对人体产生以下有害影响：

（1）听力系统。噪声的有害作用主要是对听力系统的损害。在强噪声作用下，可导致永久性听力下降，引起噪声聋；极强噪声可导致听力器官发生急性外伤，即爆震性聋。

（2）神经系统。长期接触噪声可导致大脑皮层兴奋和抑制功能的平衡失调，出现头痛、头晕、心悸、耳鸣、疲劳、睡眠障碍、记忆力减退、情绪不稳定、易怒等症状。

（3）其他系统。长期接触噪声可引起其他系统的应激反应，如可导致心血管系统疾病加重，引起肠胃功能紊乱等。

［相关链接］

《工业企业噪声卫生标准（试行草案）》规定，工业企业的生产车间和作业场所的工作地点噪声标准为85分贝（A）。现

有工业企业经过努力暂时达不到标准时，可适当放宽，但不得超过90分贝（A）。

对每天接触噪声不到8小时的工种，根据企业种类和条件，噪声标准可相应放宽，但无论接触时间多短，噪声最高都不得超过115分贝（A）。

86. 如何控制和减小作业场所的噪声危害?

采用一定的措施可以降低噪声强度和减小噪声危害。这些措施主要有：

（1）采取技术措施控制噪声的产生和传播，即消声和隔声，如使用汽车排气消声器、隔声墙、隔声罩、隔声地板等。

（2）加强个人防护，使用劳动防护用具。

1）合理使用耳塞。防噪声耳塞、耳罩具有一定的防噪声效果。根据耳道大小选择合适的耳塞，隔声效果可达30～40分贝（A），对高频噪声的阻隔效果更好。

2）改善劳动作业安排。工作日中穿插休息时间，休息时间离开噪声环境，限制噪声作业的工作时间，可减轻噪声对人体的危害。

（3）卫生保健措施。

1）接触噪声的人员应定期进行体检。以听力检查为重点，对于已出现听力下降者，应加以治疗和加强观察，重者应调离噪声作业岗位。

2）有明显的听觉器官疾病、心血管病、神经

系统器质性疾病者不得参加接触强烈噪声的工作。

87. 高温作业对人体的不利影响有哪些?

当高温环境的热强度超过一定限度时，可对人体产生多方面的不利影响。主要有：

（1）人体热平衡。在高温环境下作业可导致体温上升。如体温上升到38℃以上时，一部分人即可表现出头痛、头晕、心慌等症状。严重者可能导致中暑或热衰竭。

（2）水盐代谢。高温作业者由于排汗增多而丧失大量水分、盐分，若不能及时得到补充，可出现工作效率低、乏力、口渴、脉搏加快、体温升高等现象。

（3）循环系统。在高温条件下作业，皮肤血管扩张，血管紧张度降低，可使血压下降。但在高温与重体力劳动相结合情况下，血压也可增高，但舒张压一般不增高，甚至略有降低。脉搏加快，心脏负担加重。

（4）消化系统。在高温环境下作业，易引起消化道胃液分泌减少，因而造成食欲减退。高温作业工人消化道疾病患病率往往高于一般工人，而且工龄越长，患病率越高。

（5）泌尿系统。长期在高温条件下作业，若水盐供应不足，可使尿浓缩，增加肾脏负担，有时可以导致肾功能不全。

（6）神经系统。在高温、热辐射环境下作业，可出现中枢神经系统抑制，注意力和肌肉工作能力降低，动作

的准确性和协调性差。由于劳动者的反应速度降低，正确性和协调性受到阻碍，所以容易发生工伤事故。

88. 防暑降温措施主要有哪些?

做好防暑降温工作，必须采取综合性措施。主要包括：

（1）做好防暑降温的组织保障，加强宣传教育。

（2）改革工艺，改进设备，认真落实隔热与通风的技术措施。

（3）保证休息。高温下作业应尽量缩短工作时间，可采用小换班、增加工作休息次数、延长午休时间等方法。休息地点应远离热源，应备有清凉饮料、风扇、洗澡设备等。有条件的可在休息室安装空调或采取其他防暑降温措施。

（4）高温作业人员应适当饮用合乎卫生要求的含盐饮料，以补充人体所需的水分和盐分。增加蛋白质、热量、维生素等的摄入，以减轻疲劳，提高工作效率。

（5）加强个人防护。高温作业的工作服应结实、耐热、宽大、便于操作，应按不同作业需要，佩戴工作帽、防护眼镜、隔热面罩及穿隔热靴等。

（6）高温作业人员应进行就业前和入暑前体检，凡有心血管系统疾病、高血压、溃疡病、肺气肿、肝病、肾病等疾病的人员不宜从事高温作业。

89. 作业场所内的放射源对人体有哪些危害?

在一些特殊的工作场所，职工有可能接触到放射性物质（放射源）。放射源发出的放射线，可作用于人体的细胞、组织和体液，直接破坏机体结构或使人体神经内分泌系统调节发生障碍。当人体受到超过一定剂量的放射线照射时，便可产生一系列的病变（放射病），严重的可造成死亡。

［专家提示］

放射源发出的射线，人们是看不见、闻不到、摸不着的，可能在无形中就对人体造成伤害。因此，在进入工作场所前，要了解现场是否有放射源。作业人员应熟知放射源物质的标签、标识和包装，严格遵守操作规程。

90. 在有放射源的工作场所工作，应采取哪些防护措施?

在有放射源的工作场所中，应采取严格的防护措施：

（1）严格遵守执行放射源使用和保管的安全操作规程与制度。

（2）严格控制辐射剂量。工作时随时检查辐射剂量，建立个人接受辐射剂量卡，保证在容许的辐射剂量下工作。

（3）缩短受照射时间，工作时可实行轮换操作制度。

（4）尽量增大与放射源的操作距离，距离越远，受辐射危害越小，如使用机械手远距离操作。

（5）采用屏蔽材料（如混凝土、铅）遮挡放射源发出的射线。

（6）操作中严格遵守个人卫生防护措施，穿戴工作服、工作帽，防止放射性物质污染皮肤或经口进入体内。

（7）加强宣传教育。学习辐射危害的卫生知识和防护措施。非相关操作人员不要盲目进入有放射源警示标志的作业场所。

（8）定期体检。对接触放射源的工作人员实行就业前健康检查和定期健康检查制度。

［想一想］

在你所在的企业中，有存在放射源的作业场所吗？在周边悬挂有相应的安全标志吗？

第四章　自救互救

91. 事故现场的紧急处理原则是什么?

（1）遇到伤害事故发生时，不要惊慌失措，要保持镇静，并设法维持好现场的秩序。

（2）在周围环境不危及生命的条件下，一般不要随便搬动伤员。

（3）暂不要给伤员喝任何饮料和进食。

（4）如发生意外而现场无人时，应向周围大声呼救，请求来人帮助或设法联系有关部门，不要单独留下伤员而无人照管。

（5）遇到严重事故、灾害或中毒时，除急救呼叫外，还应立即向当地政府安全生产主管部门及卫生、防疫、公安等有关部门报告，报告现场在什么地方、伤员有多少、伤情如何、做过什么处理等。

（6）伤员较多时，根据伤情对伤员分类抢救，处理的原则是先重后轻、先急后缓、先近后远。

（7）对呼吸困难、窒息和心跳停止的伤员，立即将伤员头部置于后仰位，托起下颌，使呼吸道畅通，同时施行人工呼吸、胸外心脏

按压等复苏操作，原地抢救。

（8）对伤情稳定、估计转运途中不会加重伤情的伤员，迅速组织人力，利用各种交通工具分别转运到附近的医疗机构急救。

（9）现场抢救的一切行动必须服从有关领导的统一指挥，不可各自为政。

［专家提示］

现场急救处理之前，首先必须了解伤员的主要伤情，特别是对重要的体征不能忽略遗漏，所以现场急救的检查要抓住重点。

（1）心跳。心跳是生命的基本体征，正常人每分钟心跳60～100次。严重创伤、大出血等伤员，脉搏弱而快，每分钟跳120次以上时多为早期休克。当伤员死亡时，心跳停止。

（2）呼吸。呼吸也是生命的基本体征，人在正常情况下每分钟呼吸16～20次。垂危伤员的呼吸多变快、变浅、不规则；当伤员临死前，呼吸变缓慢、不规则直至停止呼吸。在观察危重伤员的呼吸时，由于呼吸微弱，难以看到胸部明显的起伏，可以用小片棉花或小薄纸条、小草等放在伤员鼻孔旁，观察这些物体是否随呼吸来回飘动，以此来判定有无呼吸。

（3）瞳孔。正常人两只眼睛的瞳孔等大、等圆，遇到光线照射时可以迅速收缩。当伤员受到严重伤害时，两侧的瞳孔常会不一样大，可能缩小或扩大。当用电筒光突然照射瞳孔时，瞳孔不收缩或收缩迟钝。

92. 怎样做口对口（鼻）人工呼吸？

（1）使处于昏迷、失去知觉或假死状态的伤员仰卧，迅速解开其围巾、领口、紧身衣扣并放松腰带，颈部下方可以适当垫起以利呼吸畅通，切不可在头部下方垫物。同时，还应再一次检查伤员是否已停止呼吸。

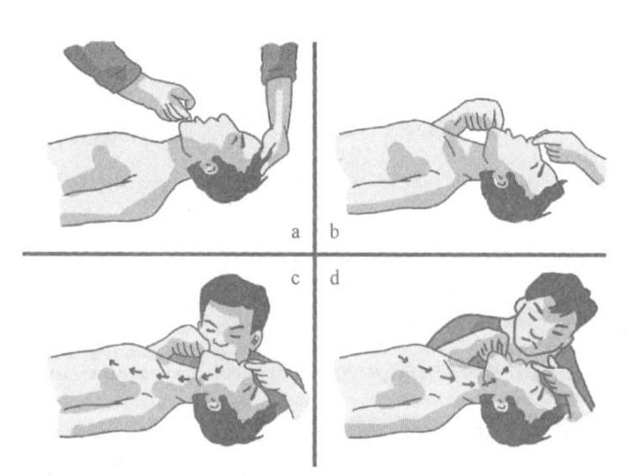

（2）把伤员的头侧向一边，清除口腔中的假牙、血块、黏液等异物。如舌根下陷，应把它拉出来，使呼吸道畅通。如果伤员牙关紧闭，可用小木片、小金属片等坚硬物品从其嘴角插入牙缝，慢慢撬开嘴巴。

（3）使伤员的头部尽量后仰，鼻孔朝天，下颌尖部与前胸部大体保持在一条水平线上，如图a所示。这样，舌根部就不会阻塞气道。

（4）救护人员蹲跪在伤员头部的左侧或右侧，一只手捏紧伤员的鼻孔，用另一只手的拇指和食指掰开嘴巴，如图b所示。如掰不开嘴巴，可用口对鼻人工呼吸法，捏紧嘴巴，紧贴鼻孔吹气。

（5）深吸气后，紧贴掰开的嘴巴吹气，如图c所示。吹气时可隔一层纱布或毛巾。吹气时要使伤员的胸部膨胀，每5秒钟一次，每次吹2秒钟。

（6）吹气后，应立即离开伤员的口（鼻），并松开伤员的鼻孔（或嘴唇），让其自由呼吸，如图d所示。

（7）在人工呼吸的过程中，若发现伤员有轻微的自然呼吸时，人工呼吸应与自然呼吸的节律相一致。当自然呼吸有好转时，可暂停人工呼吸数秒并密切观察。若自然呼吸仍不能完全恢复，应立即继续进行人工呼吸，直至呼吸完全恢复正常为止。

93. 胸外心脏按压法的基本要领是什么？

（1）使伤员仰卧在比较坚实的地面或地板上，解开衣服，清除口内异物，然后进行急救。

（2）救护人员蹲跪在伤员腰部一侧，或跨腰跪在其腰部，两手相叠，如图a所示。将掌根部放在被救护者胸骨下1/3的部位，即把中指尖放在其颈部凹陷的下边缘，手掌的根部就是正确的压点，如图b所示。

（3）救护人员两臂肘部伸直，掌根略带冲击地用力垂直下压，压陷深度为3～5厘米，如图c所示。成人每秒钟按压一次，太快和太慢效果都不好。

（4）按压后，掌根迅速全部放松，让伤员胸部自动复原。放松时掌根不必完全离开胸部，如图d所示。按以上步骤连续不断地进行操作，每秒钟一次。按压时定位必须准确，压力要适当，不可用力过大过猛，以免挤压出胃中的食物，堵塞气管，影响呼吸，或造成肋骨折断、气血胸和内脏损伤等。也不能用力过小，而起不到按压的作用。

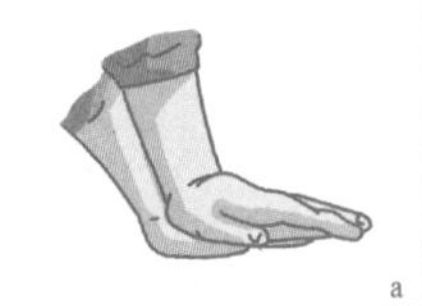

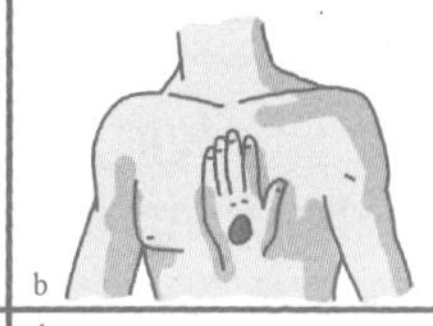

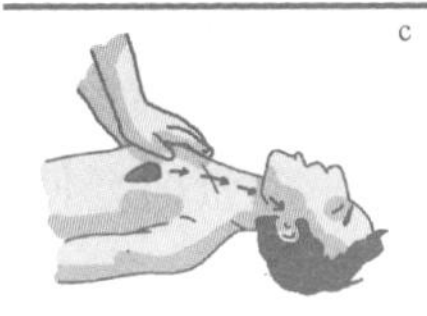

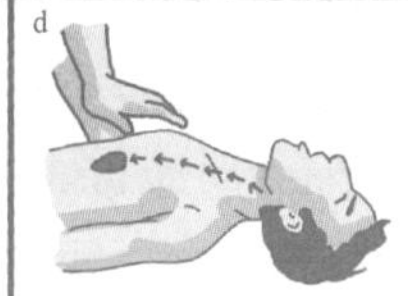

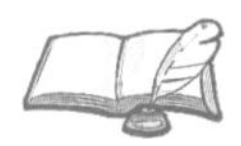

[专家提示]

伤员一旦呼吸和心跳均已停止，应同时进行口对口（鼻）人工呼吸和胸外心脏按压。如果现场仅有1人救护，两种方法应交替进行，每次吹气2～3次，再按压10～15次。进行人工呼吸和胸外心脏按压（人工氧合）急救，在救护人员体力允许的情况下，应连续进行，尽量不要停止，直到伤员恢复呼吸与脉搏跳动，或有专业急救人员到达现场。

94. 常用止血法有哪几种？基本要领是什么？

常用的止血方法主要有压迫止血法、止血带止血法、加压包扎止血法和加垫屈肢止血法等。

（1）压迫止血法。适用于头、颈、四肢动脉大血管出血的临时止血。当一个人负伤流血以后，只要立刻用手指或手掌用力压紧伤口附近靠近心脏一端的动脉跳动处，并把血管压紧在骨头上，就能很快起到临时止血的效果。如头部前面出血时，可在耳前对着下颌关节点压迫颞动脉。颈部动脉出血时，要压迫颈总动脉，此时可用手指按在一侧颈根部，向中间的颈椎横突压迫，但禁止同时压迫两侧的颈动脉，以免引起大脑缺氧而昏迷。

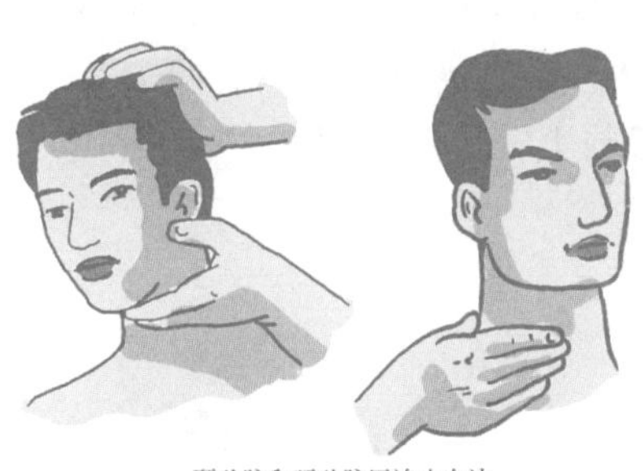

颞动脉和颈动脉压迫止血法

（2）止血带止血法。适用于四肢大出血。用止血带（一般用橡皮管、橡皮带）绕肢体绑扎打结固定。上肢受伤可扎在上臂上部1/3处；下肢受伤扎于大腿的中部。若现场没有止血带，也可以用纱布、毛巾、布带等环绕肢体打结，在结内穿一根短棍，转动此棍使带绞紧，直到不流血为止。在绑扎和绞止血带时，不要过紧或过松。过紧会造成皮肤或神经损伤，过松则起

不到止血的作用。

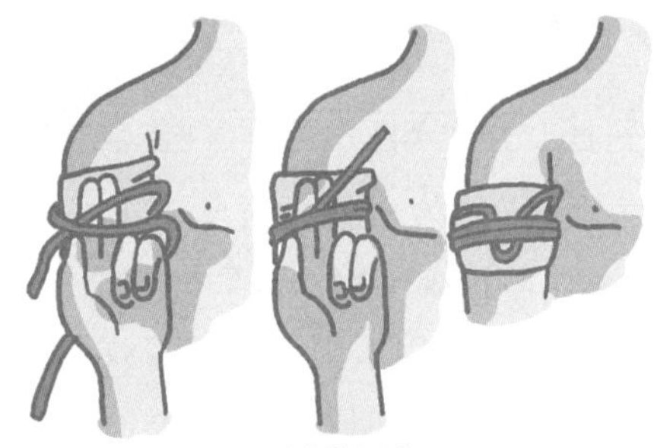

止血带止血法

（3）加压包扎止血法。适用于小血管和毛细血管的止血。先用消毒纱布或干净毛巾敷在伤口上，再垫上棉花，然后用绷带紧紧包扎，以达到止血的目的。若伤肢有骨折，还要另加夹板固定。

（4）加垫屈肢止血法。多用于小臂和小腿的止血，它利用肘关节或膝关节的弯曲功能，压迫血管以达到止血的目的。在肘窝或腋窝内放入棉垫或布垫，然后使关节弯曲到最大限度，再用绷带把前臂与上臂（或小腿与大腿）固定。

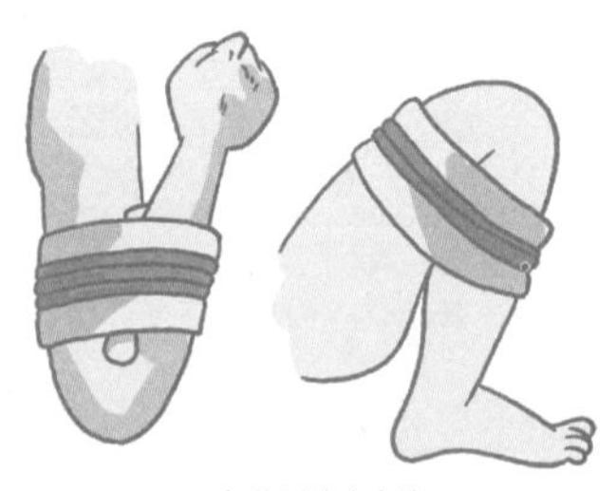

加垫屈肢止血法

95. 常用包扎法有哪几种？基本要领是什么？

伤员经过止血后，要立即用急救包、纱布、绷带或毛巾等包扎起来。常用的包扎材料有绷带、三角巾、四头带及其他临时代用品（如干净的手帕、毛巾、衣物、腰带、领带等）。绷带包扎一般用于受伤的肢体和关节，固定敷料或夹板和加压止血等。三角巾包扎主要用于包扎、悬吊受伤肢体，固定敷料，固定骨折等。常用包扎法如下：

（1）头顶包扎法。外伤在头顶部可用此法。把三角巾底边折叠两指宽，中央放在前额，顶角拉向后脑，两底角拉紧，经两耳上方绕到头的后枕部，压着顶角，再交叉返回前额打结。如果没有三角巾，也可改用毛巾。先将毛巾横盖在头顶上，前两角反折后拉到后脑打结，后两角各系一根布带，左右交叉后绕到前额打结。

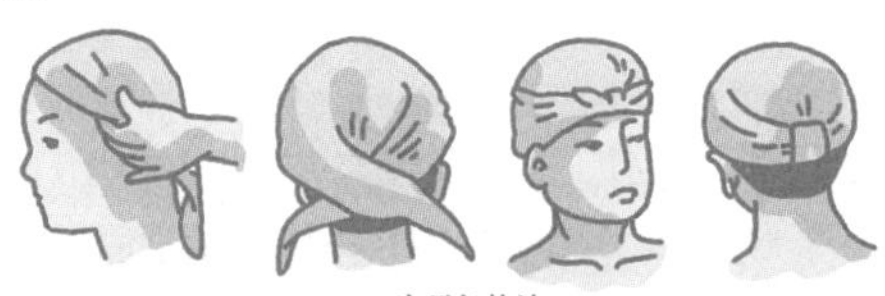

头顶包扎法

（2）单眼包扎法。如果眼部受伤，可将三角巾折成四指宽的带形，斜盖在受伤的眼睛上。三角巾长度的1/3向上，2/3向下。下部的一端从耳下绕到后脑，再从另一只耳上绕到前额，压住眼上部的一端，然后将上部的一端向外翻转，向脑后拉紧，与另一端打结。

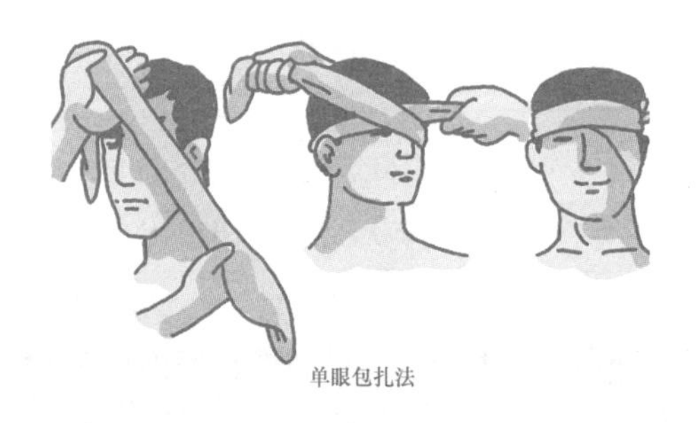

单眼包扎法

（3）三角形上肢包扎法。如果上肢受伤，可把三角巾的一底角打结后套在受伤的那只手臂的手指上，把另一底角拉到对侧肩上，用顶角缠绕伤臂，并用顶角上的小布带包扎。然后将受伤的前臂弯曲到胸前，呈近直角形，最后把两底角打结。

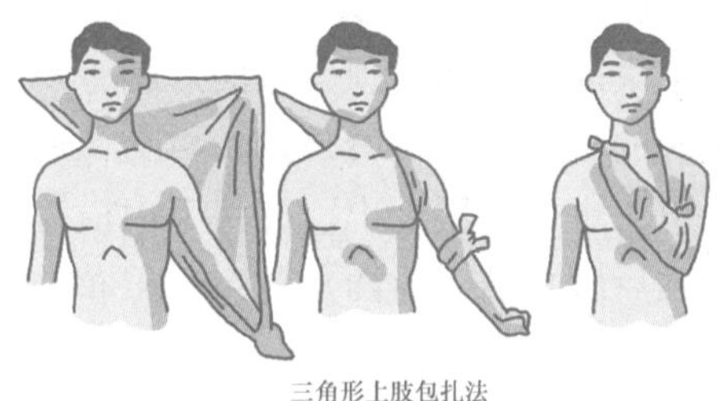

三角形上肢包扎法

（4）（肘）带式包扎法。根据伤肢的受伤情况，把三角巾折成适当宽度，呈带状，然后把它的中段斜放在膝（肘）的伤处，两端拉向膝（肘）后交叉，再缠绕到膝（肘）前外侧打结固定。

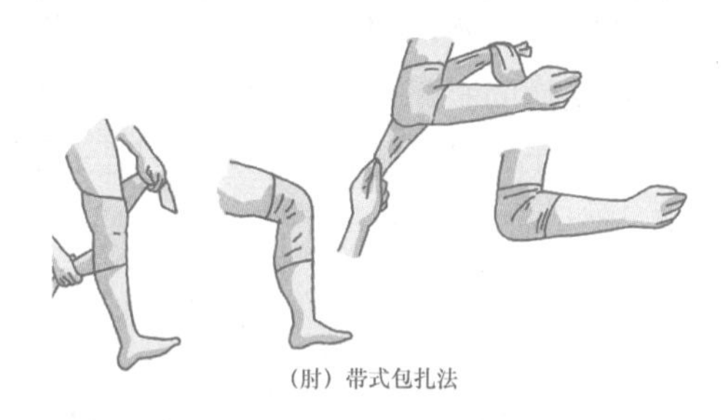

（肘）带式包扎法

96. 骨折固定应注意哪些事项？

（1）要注意伤口和全身状况。如伤口出血，应先止血，包扎固定；如出现休克或呼吸、心跳骤停时，应立即进行抢救。

（2）在处理开放性骨折时，局部要做清洁消毒处理，用纱布将伤口包好，严禁把暴露在伤口外的骨折推送回伤口内，以免造成伤口污染和再度刺伤血管与神经。

（3）对于大腿、小腿、脊椎骨折的伤者，一般应就地固定，不要随便移动伤者，不要盲目复位，以免加重损伤程度。如上肢受伤，可将伤肢固定于躯干；如下肢受伤，可将伤肢固定于另一健肢。

（4）骨折固定所用的夹板长度与宽度要与骨折肢体相称，其长度一般以超过骨折上下两个关节为宜。

（5）固定用的夹板不应直接接触皮肤。在固定时可将纱布、三角巾、毛巾、衣物等软材料垫在夹板和肢体之间，特别是夹板两端、关节骨头突起部位和间隙部位，可适当加厚垫，以免引起皮肤磨损或局部组织压迫坏死。

（6）固定、捆绑的松紧度要适宜，过松达不到固定的目的，过紧影响血液循环，导致肢体坏死。固定四肢时，要将指（趾）端露出，以便随时观察肢体血液循环情况。如出现指（趾）苍白、发冷、麻木、疼痛、肿胀、甲床青紫等症状时，说明固定、捆绑过紧，血液循环不畅，应立即松开，重新包扎固定。

（7）对四肢骨折固定时，应先捆绑骨折端处的上端，后捆绑骨折端处的下端。如捆绑次序颠倒，则会导致再度错位。上肢固定时，肢体要屈着绑（屈肘状）；下肢固定时，肢体要伸直绑。

97. 如何正确搬运伤员?

在对伤员进行急救之后，就要把伤员迅速地送往医院。此时，正确地搬运伤员是非常重要的。如果搬运不当，可使伤情加重，严重时还可能造成神经、血管损伤，甚至瘫痪，难以治疗。因此，对伤员的搬运应十分小心。

（1）如果伤员伤势不重，可采用扶、掮、背、抱的方法将伤员运走。

1）单人扶着行走。左手拉着伤员的手，右手扶住伤员的腰部，慢慢行走。此法适用于伤势不重、神志清醒的伤员。

2）肩膝手抱法。伤员不能行走，但上肢还有力量，可让伤员钩在搬运者颈上。此法禁用于脊柱骨折的伤员。

3）背驮法。先将伤员支起，然后背着走。

4）双人平抱着走。两个搬运者站在同侧，抱起伤员走。

（2）针对不同伤情，应采用不同的搬运法。

1）脊柱骨折伤员的搬运：对于脊柱骨折的伤员，一定要用木板做的硬担架抬运。应由2～4人搬运，使伤员成一线起落，步调一致。切忌一人抬胸，一人抬腿。将伤员放到担架上以后，要让他平卧，腰部垫一个靠垫，然后用3～4根皮带把伤员固定在木板上，以免在搬运中滚动或跌落，造成脊柱移位或扭转，刺激血管和神经，使下肢瘫痪。无担架、木板，需众人用手搬运时，抢救者必须有一人双手托住伤者腰部，切不可单独一人用拉、拽的方法抢救伤者，否则易把伤者的脊柱神经拉断，造成下肢永久性瘫痪的严重后果。

2）颅脑伤昏迷者的搬运：搬运时要两人以上，重点保护头部。将伤员放到担架上，采取半卧位，头部侧向一边，以免呕吐物阻塞气道而窒息。如有暴露的脑组织，应加以保护。抬运前，头部给以软枕，膝部、肘部应用衣物垫好，头颈部两侧垫衣物以使颈部固定，防止来回摆动。

3）颈椎骨折伤员的搬运：搬运时，应由一人稳定头部，其他人以协调力量将其平直抬到担架上，头部左右两侧用衣物、软枕加以固定，防止左右摆动。

4）腹部损伤者的搬运：严重腹部损伤者，多有腹腔脏器从伤口脱出，可采用布带、绷带做一个略大的环圈盖住加以保护，然后固定。搬运时采取仰卧位，并使下肢屈曲，防止腹压增加而使肠管继续脱出。

98. 发生触电怎样急救?

触电急救的基本原则是动作迅速、方法正确。有资料指出，从触电后1分钟开始救治者，90%有良好效果；从触电后6分钟开始救治者，10%有良好效果；而从触电后12分钟开始救治者，救活的可能性很小。主要急救方法如下：

（1）脱离电源。发现有人触电后，应立即关闭开关、切断电源。同时，用木棒、皮带、橡胶制品等绝缘物品挑开触电者身上的带电物体。立即拨打报警求助电话。需防止触电者脱离电源后可能的摔伤，特别是当触电者在高处的情况下，应考虑采取防摔措施。

（2）解开妨碍触电者呼吸的紧身衣服，检查触电者的口腔，清理口腔黏液，如有假牙，则应取下。

（3）立即就地抢救。当触电者脱离电源后，应根据触电者的具体情况，迅速对症救护。现场应用的主要救护方法是人工呼吸法和胸外心脏按压法。应当注意，急救要尽快进行，不能等候医生的到来，在送往医院的途中，也不能中止急救。

（4）如有电烧伤的伤口，应包扎后到医院就诊。

99. 发生火灾如何避险与逃生？

（1）沉着冷静，辨明方向，迅速撤离危险区域。如果火灾现场人员较多，切不可慌张，更不要相互拥挤、盲目跟从或乱冲乱撞、相互践踏，以防造成意外伤害。

（2）在高层建筑中，电梯的供电系统在火灾发生时会随时断电。因此，发生火灾时千万不可乘普通电梯逃生，而要根据情况选择进入相对安全的楼梯、消防通道、有外窗的通廊等。此外，还可以利用建筑物的阳台、窗台、天台屋顶等攀到周围的安全地点。

（3）在救援人员还不能及时赶到的情况下，可以迅速利用身边的绳索或床单、窗帘、衣服等自制成简易救生绳，有条件的最好用水浸湿，然后从窗台或阳台沿绳缓滑到下面楼层或地面；还可以沿着水管、避雷线等建筑结构中的凸出物滑到地面安全逃生。

（4）暂避到较安全的场所，等待救援。假如用手摸房门已

感到烫手，或已知房间被大火或烟雾围困，此时切不可打开房门，否则火焰与浓烟会顺势冲进房间。这时可采取创造避难场所、固守待援的办法。首先应关紧迎火的门窗，打开背火的门窗，用湿毛巾或湿布条塞住门窗缝隙，或者用水浸湿棉被蒙上门窗，并不停地泼水降温，同时用水淋透房间内的可燃物，防止烟火侵入。

（5）设法发出信号，寻求外界帮助。被烟火围困暂时无法逃离的人员，应尽量站在阳台或窗口等易于被人发现和能避免烟火近身的地方。白天可以向窗外晃动颜色鲜艳的衣物；晚上可以用电筒不停地在窗口闪动或者利用敲击金属物、大声呼救等方式，引起救援者的注意。

[专家提示]

火灾撤离时要朝明亮或外面空旷的地方跑，同时尽量向楼梯下面跑。进入楼梯间后，在确定下面楼层未着火时，可以向下逃生，决不能往上跑。若通道已被烟火封阻，则应背向烟火方向撤离，通过阳台、气窗、天台等往室外逃生。如果现场烟雾很大或断电，能见度低，无法辨明方向，则应贴近墙壁或按指示灯的指示摸索前进，找到安全出口。

如果逃生要经过充满烟雾的路线，为避免浓烟呛入口鼻，可使用湿毛巾或口罩蒙住口鼻，同时使身体尽量贴近地面或匍匐前行。穿越烟火封锁区时，可向头部、身上浇冷水或用湿毛巾、湿棉被、湿毯子等将头和身体裹好，再冲出去。

100. 发生中毒窒息如何救护?

（1）通风。加强全面通风或局部通风，用大量新鲜空气对中毒区的有毒有害气体浓度进行稀释冲淡，待有害气体浓度降到容许浓度时，方可进入现场抢救。

（2）做好防护工作。救护人员在进入危险区域前必须戴好防毒面具、自救器等防护用品，必要时也应给中毒者戴上。迅速将中毒者从危险的环境转移到安全、通风的地方，如果伤员失去知觉，可将其放在毛毯上提拉，或抓住衣服，头朝前地转移出去。

（3）如果是一氧化碳中毒，中毒者还没有停止呼吸，则应立即松开中毒者的领口、腰带，使中毒者能够顺畅地呼吸新鲜空气；如果呼吸已停止但心脏还在跳动，则应立即进行人工呼吸，同时针刺人中穴；若心脏跳动也停止了，应迅速进行胸外心脏按压，同时进行人工呼吸。

（4）对于硫化氢中毒者，在进行人工呼吸之前，要用浸透食盐溶液的棉花或手帕盖住中毒者的口鼻。

（5）如果是瓦斯或二氧化碳窒息，情况不太严重时，可把窒息者移到空气新鲜的场所稍作休息；若窒息时间较长，就要进行人工呼吸抢救。

（6）如果毒物污染了眼部和皮肤，应立即用水冲洗；对于口服毒物的中毒者，应设法催

吐，简单有效的办法是用手指刺激舌根；若误服腐蚀性毒物，可口服牛奶、蛋清、植物油等对消化道进行保护。

（7）救护中，抢救人员一定要沉着，动作要迅速。对任何处于昏迷状态的中毒人员，必须尽快送往医院进行急救。

101. 发生毒气泄漏如何避险与逃生?

（1）发生毒气泄漏事故时，现场人员不可惊慌，应按照平时应急预案的演习步骤，各司其职，井然有序地撤离。如果事故现场已有救护消防人员或专人引导，逃生时要服从他们的指挥。

（2）从毒气泄漏现场逃生时，要抓紧宝贵的时间，任何贻误时机的行为都有可能带来灾难性的后果。

（3）逃生要根据泄漏物质的特性，佩戴相应的个体防护用具。如果现场没有防护用具或者防护用具数量不足，也可应急使用湿毛巾或衣物捂住口鼻逃生。

（4）沉着冷静地确定风向，然后根据毒气泄漏源位置，向上风向或沿侧风向转移撤离，也就是逆风逃生；另外，根据泄漏物质的相对密度，选择沿高处或低洼处逃生，但切忌在低洼处滞留。

（5）逃离泄漏区后，应立即到医院检查，必要时进行排毒治疗。

（6）还需注意的是，当毒气泄漏发生时，若没有穿戴防护服，绝不能进入事故现场救人。因为这样不但

救不了别人，自己也会受到伤害。

102. 发生化学烧伤如何救护?

（1）生石灰烧伤。迅速清除石灰颗粒，用大量流动的洁净的冷水冲洗至少10分钟以上，尤其是眼内烧伤更应彻底冲洗。切忌将受伤部位用水浸泡，防止生石灰遇水产生大量热量而加重烧伤。

（2）磷烧伤。迅速清除磷以后，用大量流动的洁净的冷水冲洗至少10分钟以上；然后用5%的碳酸氢钠或食用苏打水湿敷创面，使创面与空气隔绝，防止磷在空气中氧化燃烧而加重烧伤。

（3）强酸烧伤。强酸包括硫酸、盐酸、硝酸。皮肤被强酸烧伤应立即用大量清水冲洗至少10分钟；同时立即脱掉被污染的衣服。还可用4%的碳酸氢钠或2%的食用苏打水冲洗中和。

（4）强碱烧伤。强碱包括氢氧化钠、氢氧化钾、氧化钾等。皮肤被强碱烧伤应立即用大量清水彻底冲洗创面，直到皂样物质消失为止；也可用食醋或2%的醋酸冲洗中和或湿敷。

[专家提示]

强酸烧伤眼部：若眼部烧伤，首先采取简易的冲洗方法，即用手将伤者眼部撑开，把面部浸入清水中，将头轻轻摇动。

冲洗时间不少于20分钟。切忌用手或手帕揉擦眼睛，以免增加创伤。如发生吸入性烧伤，可出现咳血性泡沫痰、胸闷、流泪、呼吸困难、肺水肿等症状。此时要注意保持呼吸道畅通，可用2%～4%的碳酸氢钠雾化吸入。

强碱烧伤眼部：发生眼部烧伤至少应用清水冲洗20分钟以上。严禁用酸性物质冲洗眼部。

103. 发生热烧伤怎样救护？

火焰、开水、蒸汽、热液体或固体直接接触人体引起的烧伤，都属于热烧伤。热烧伤的救护方法如下：

（1）轻度烧伤尤其是不严重的肢体烧伤，应立即用清水冲洗或将患肢浸泡在冷水中10～20分钟，如不方便浸泡，可用湿毛巾或布单盖在患部，然后浇冷水，以使伤口尽快冷却降温，减轻损伤。穿着衣服的部位如烧伤严重，不要先脱衣服，否则易使烧伤处的水疱、皮肤一同撕脱，造成伤口创面暴露，增加感染机会。而应立即朝衣服上面浇冷水，待衣服局部温度快速下降后，再轻轻脱去衣服或用剪刀剪开褪去衣服。

（2）若烧伤处已有水疱形成，则小水疱不要随便弄破，大水疱应到医院处理或用消过毒的针刺小孔排出疱内液体，以免影响创面修复，增加感染机会。

（3）烧伤创面一般不做特殊处理，不要在创面上涂抹任何有刺激性的液体或不清洁的粉或油剂，只需保持创面及周围清洁即可。较

大面积烧伤用清水冲洗清洁后，最好用干净纱布或布单覆盖创面，并尽快送往医院治疗。

（4）火灾引起烧伤时，伤员着火的衣服应立即脱去，如果一时难以脱下来，可让伤员卧倒在地滚压灭火，或用水浇灭火焰。切勿带火奔跑或用手拍打，否则可能使得火借风势越烧越旺，使手被烧伤。也不可在火场大声呼喊，以免导致呼吸道烧伤。要用湿毛巾捂住口鼻，以防烟雾吸入导致窒息或中毒。

104. 发生眼外伤怎样急救?

（1）轻度眼伤，如眼进异物，可叫现场同伴翻开眼皮用干净的手绢、纱布将异物拨出。如眼中溅入化学物质，要及时用水冲洗。

（2）重度眼伤，可让伤者仰躺，施救者设法支撑其头部，并尽可能使其保持静止不动，千万不要试图拨出进入眼中的异物。

（3）见到眼球鼓出或从眼球脱出的东西，不可把它推回眼内，这样做十分危险，可能会把能恢复的伤眼弄坏。

（4）立即用消毒纱布轻轻盖上伤眼，如没有纱布可用刚洗过的干净的毛巾覆盖，再缠上布条，缠时不可用力，以不压及伤眼为原则。

做完上述处理后，立即送医院再做进一步的治疗。

105. 发生高处坠落怎样急救?

高处坠落包括由地面2米以上高度坠落和由地面向地坑、地井坠落。坠落产生的伤害主要是脊椎损伤、内脏损伤和骨折。为避免施救方法不当使伤情扩大，抢救时应注意以下几点：

（1）发现坠落伤员，首先看其是否清醒，能否自主活动。若能站起来或移动身体，则要让其躺下用担架抬送或用车送往医院。因为某些内脏伤害，当时可能感觉不明显。

（2）若伤员已不能动或不清醒，切不可乱抬，更不能背起来送医院，这样做极容易拉脱伤者脊椎，造成永久性伤害。此时应进一步检查伤者是否骨折。若有骨折，应采用夹板固定。

（3）送医院时应先找一块能使伤者平躺的木板，然后在伤者一侧将小臂伸入伤者身下，并由人分别托住头、肩、腰、腿等部位，同时用力，将伤者平稳托起，再平稳放在木板上，抬着木板送医院。

（4）若坠落在地坑内，也要按上述程序救护。若地坑内杂物太多，应由几个人小心抬抱，放在平板上抬出。若坠落地井中，无法让伤者平躺，则应小心地将伤者抱入筐中吊上来。施救时应注意严禁让伤者脊椎、颈椎受力。

106. 发生中暑怎样急救?

在既有高温，同时还伴有空气湿度大或者热辐射强而风速又小的环境中作业，再加上劳动强度过大、作业时间过长，此时作业人员极容易发生中暑。轻度中暑的初期症状为头晕、眼花、耳鸣、恶心、心慌、乏力。重度中暑患者会有体温急速升高，出现突然晕倒或痉挛等现象。

对中暑患者的现场急救原则是：对于轻度中暑患者，应立即将其移至阴凉通风处休息，擦去汗液，给予适量的清凉含盐饮料，并可选服人丹、十滴水、避瘟丹等药物，一般患者可逐渐恢复。对于重度中暑患者，必须立即送往医院。